全国普通高等院校"十三五"土建类专业系列规划教材

建设工程成本计划与控制

主　编　周　薇　吴琼峰
副主编　杨　易　李　珊　黄　晨　周雯雯

合肥工业大学出版社

图书在版编目(CIP)数据

建设工程成本计划与控制/周薇,吴琼峰主编.—合肥:合肥工业大学出版社,2017.12
ISBN 978-7-5650-3711-5

Ⅰ.①建… Ⅱ.①周…②吴… Ⅲ.①建筑工程—成本管理—高等学校—教材
Ⅳ.①TU723.3

中国版本图书馆CIP数据核字(2017)第316492号

建设工程成本计划与控制

周 薇 吴琼峰 主编　　　　责任编辑 马成勋

出 版	合肥工业大学出版社	版 次	2017年12月第1版
地 址	合肥市屯溪路193号	印 次	2017年12月第1次印刷
邮 编	230009	开 本	787毫米×1092毫米 1/16
电 话	理工编辑部:0551-62903200	印 张	10.25
	市场营销部:0551-62903198	字 数	210千字
网 址	www.hfutpress.com.cn	印 刷	安徽昶颉包装印务有限责任公司
E-mail	hfutpress@163.com	发 行	全国新华书店

ISBN 978-7-5650-3711-5　　　　定价:25.00元

前　言

建设工程成本计划与控制是指在建设工程项目的实施过程中，对建设工程项目成本进行管理的一项活动。包括对建设工程项目成本的预测、计划、控制、核算、分析与考核五个部分，贯穿于整个建设工程项目实施过程的始终。通过对建设工程项目的成本管理，力求实现成本目标、降低建设工程项目的成本、实现经济效益最大化。在竞争日益激烈的建筑行业，不断完善成本管理工作，从而能够节约成本，取得更高的经济效益，是建筑行业的共同目标。

“建设工程成本计划与控制”是众多高校的工程管理专业、工程造价专业、房地产开发与经营专业以及土木工程专业的重要课程，是此类专业的知识结构体系中的核心内容。该门课程经过多年的磨砺，形成了一套实用的教学方法，也产生了许多优秀的教材。本教材正是在这些优秀教材的基础上，结合实际经验编写的，深入浅出，注重实用。通过本教材的学习，学生可以掌握建设工程项目成本预测和分析的方法，掌握进行建设工程项目成本控制的具体措施，并可以掌握建设工程项目成本核算的具体步骤，通过成本分析以进一步对企业的成本管理水平进行评定。本教材中还列举了很多实际建设工程项目的案例，学生也可以从中学习到企业进行成本管理的经验，并获得一些创新性的启示。

本书由武汉华夏理工学院的周薇担任主编，湖北第二师范学院的吴琼峰为第二主编，武汉华夏理工学院的李珊、杨易、黄晨、周雯雯参与编写。其中，周薇完成了第一章、第二章第四节、第三章第三节、第四章第二节、第五章第一节、第六章的编写，总字数约为十一万字；吴琼峰负责整篇教材的审稿和校对工作；李珊完成了第二章第一节、第二节、第三节的编写工作；杨易完成了第三章第一、二节的编写工作；黄晨完成了第四章第一、三、四节的编写工作，周雯雯完成了第五章第二、三节的编写工作

在本教材的编写过程中，参阅了很多国内外专家、学者的论著，也参考了很多优秀教材的理论思想和实际建设工程项目的案例，在此表示衷心的感谢。由于编者的水平有限，书中难免有疏漏之处，恳请读者批评指正。

编　者

2017年12月

目　录

第一章 建设工程成本概论

【学习重点与目标】

1. 商品成本的概念；
2. 建设工程成本的构成；
3. 建设工程成本的分类；
4. 建设工程成本的管理体系。

第一节 商品成本的概念

一、商品价值

商品价值是凝结在商品中的无差别的人类劳动力或抽象的劳动力，是商品的基本属性之一。商品之所以能按一定的比例相互交换，是因为它们之间存在着某种共同的可以进行比较的东西。这种共同的、可以比较的东西就是商品生产中的无差别的人类抽象劳动。无差别的人类抽象劳动凝结在商品中，就形成了商品的价值。

商品价值从字面上的意义而言，是指一件商品客体与与之相关的主体之间的需求的满足程度评价。马克思在《资本论》中将这个概念加以深化，他认为商品价值是指凝结在商品中无差别的人类劳动，其在本质上体现为生产者之间一定的社会关系。无差别的人类劳动量是与生产该商品的社会必要劳动时间成正比，与生产它的社会劳动生产力成反比。

马克思在科学地分析了资本主义商品生产后指出，商品价值包括商品生产中所耗费的物化劳动转移的价值和活劳动新创造的价值，即

$$W=C+V+M$$

式中，W 为商品价值；

C 为商品生产中所耗费的物化劳动的转移价值。包括已消耗的向其他企业外购的原材料、燃料、辅助材料等的耗用价值和劳动工具、设备等的折旧价值；

V 为劳动者活劳动所创造的价值中，归劳动者个人支配的部分。即以薪金等形式付给劳动者的报酬；

M 为劳动者活劳动所创造的价值中，归企业和社会支配的部分。即毛利润，毛利润又包括企业的应得利润和应纳税金两部分。

从理论上讲，$V+M$ 部分，是企业在生产经营过程中新创造的价值，即增值额，也是增值税的计税基础。增值税是对商品生产和流通中各环节的新增价值所征收的税。

商品具有价值和使用价值。商品价值是凝结在商品中的无差别的人类劳动（包括体力劳动和脑力劳动）。使用价值是指某物对人的有用性（例如面包能填饱肚子，衣服能保暖），它是由生产它的劳动对象的自然物质结构和劳动运动空间轨迹共同构成的。过渡商品价值是指过渡的商品的使用价值（例如我生产出的衣服，但是不用来自己穿着保暖，而是卖给别人，获得一定的报酬，在这个卖的过程中，自己就过渡掉了使用价值，而占有价值）。价值和使用价值不同时占有。对于买家来说是通过买的过程占有了使用价值，而卖家则是占有了价值。

商品的价值在现实中，主要通过价格来体现。

二、商品成本

商品成本是指企业在生产经营过程中发生的各种耗费，包括商品生产中所耗费的物化劳动的转移价值和活劳动所创造的价值中归劳动者个人支配的部分，即

$$商品成本=C+V$$

商品价值中扣除成本 $C+V$ 部分后即为 M，M 是所得税的计税基础。所得税是对经营过程中实现的利润征收的税。

三、正确确定商品成本的作用

1. 正确确定商品成本是企业成本管理的基础工作

国内市场发展到今天，已进入了逐渐规范化阶段。企业间的竞争日趋激烈，利润空间越来越小。因此，企业要想在激烈的市场竞争中站稳脚跟、立于不败之地，就必须在提供优良的服务和优质的产品的基础上，进一步加强企业的成本管理工作，严格控制成本的支出，以降低工程成本，提高经济效益。降低成本是企业增加盈利的根本途径，是企业抵抗外部竞争压力，求得生存的主要保障，也是企业内部进行成本分析考核，提高成本管理水平的基础工作。

2. 正确确定商品成本是合理定价的基础

商品价格的组成为

$$P=W+F=C+V+M+F$$

式中：P 为商品价格；

W 为商品价值；

F 为商品营销费用。

在商品价格的构成中，商品成本($C+V$)占主要比重。因此，只有正确确定商品成本，才能合理确定商品价格。

而建设工程产品有别于一般商品，其价格确定是针对具体的工程建设对象而言的，不能统一定价，而工程价格的形成与确定，贯穿工程建设的全过程。从工程项目的立项决策、设计、施工、设备安装、竣工全过程中，材料、设备、劳务等的市场价格都会发生变化，加上各种原因引起的工程变更，工程项目成本及价格也会随之发生改变。因此正确确定建设工程产品成本是一项专业化的技术工作，需要造价员、造价工程师等专业人员按照相关法律法规及计算规则确定。

3. 正确确定商品成本是所得税计税、纳税的基础

商品成本由 $C+V$ 构成，在商品价值 W 一定的情况下，摊入成本 $C+V$ 的各项费用越多，相应的利润值 M 就越小，并将进一步影响所得税的计税，使国家税收蒙受损失。不法企业往往将不应计入成本的费用摊入成本，以减少账面上企业所得，减少应缴纳的所得税。因此，按照国家规定的成本范围正确确定商品成本，是每个企业应尽的法定责任。

当前成本管理存在不少问题，成本计算不实、乱摊、乱挤成本的现象普遍存在，有的甚至弄虚作假、偷税漏税，这给成本管理增加了很多障碍。要通过国家财税监督、国家审计监督和社会审计监督三者并立的经济监督体系，纠正企业中成本计算不实、乱摊、乱挤成本等违法乱纪现象。

为了保障社会主义市场经济的正常发展，财政部发布了《企业财务通则》《企业会计准则》和行业财务制度与会计制度，对成本核算和管理方法进行了制度化和规范化，企业在成本管理中应严格执行，合法经营，遵守国家税收政策。

第二节　建设工程成本概述

一、建设项目投资及工程造价的构成

建设项目总投资是指为完成工程项目建设并达到使用要求或生产条件，在建设期内预计或实际投入的全部费用总和。生产性建设项目投资包括建设投资、建设期利息和流动资金三部分；非生产性建设项目总投资包括建设投资和建设期利息两部分。其中建设投资和建设期利息之和对应于固定资产投资，固定资产投资与建设项目的工程造价在量上相等。

根据国家发改委和建设部发布的《建设项目经济评价方法与参数〔第三版"(发改投资〔2006〕1325 号)的规定，建设投资包括工程费用、工程建设其他费用和预备费三部分。工程费用是指建设期内直接用于工程建造、设备购置及其安装的建设投资，可以分为建筑安装工程费和设备及工器具购置费；工程建设其他费用是指建设期发生的与土地使用权取得、整个工程项目建设以及未来生产经营有关的费用建设投资但不包括在工程费用中的费用。预备

费是在建设期内为各种不可预见因素的变化而预留的可能增加的费用，包括基本预备费和价差预备费。建设项目总投资及工程造价的具体构成内容如图 1-1 所示。

- 建设项目总投资
  - 固定资产投资——工程造价
    - 建设投资
      - 工程费用
        - 设备及工器具购置费
        - 建筑安装工程费
      - 工程建设其他费用
        - 建设用地费
        - 与项目建设有关的其他费用
        - 与未来生产经营有关的其他费
      - 预备费
        - 基本预备费
        - 价差预备费
    - 建设期利息
    - 固定资产投资方向调节税（目前已暂停征收）
  - 流动资产投资——流动资金

图 1-1 建设项目总投资构成

二、建筑安装工程费用的构成

1. 建筑安装工程费用内容

建筑安装工程费是指为完成工程项目建造、生产性设备及配套工程安装所需的费用。

(1)建筑工程费用内容

① 各类房屋建筑工程和列入房屋建筑工程预算的供水，供暖，卫生，通风，煤气，等设备费用及其装饰，油饰工程的费用，列入建筑工程预算的各种管道，电力，电信和电缆导线敷设工程的费用。

② 设备基础、支柱、工作台、烟囱、水塔、水池、灰塔等建筑工程以及各种炉窑的砌筑工程和金属结构工程的费用。

③ 为施工而进行的场地平整，工程和水文地质勘查，原有建筑物和障碍物的拆除以及施工临时用水、电、气、路和完工后的场地清理，环境绿化、美化等工作的费用。

④ 矿井开凿、井巷延伸、露天矿剥离，石油、天然气钻井，修建铁路、公路、桥梁、水库、堤坝、灌渠以及防洪等工程的费用。

(2)安装工程费用内容

① 生产、动力、起重、运输、传动和医疗、试验等各种需要安装的机械设备的装配费用，与设备相连的工作台、梯子、栏杆等装设工程费用，附属于被安装设备的管线敷设工程费用，以及被安装设备的绝缘、防腐、保温、油漆等工作的材料费和安装费。

② 为测定安装工程质量，对单台设备进行单机试运转、对系统设备进行系统联动无负

荷试运转工作的调试费用。

2. 建筑安装工程费用项目组成

根据住房城乡建设部、财政部建标〔2013〕44号文《建筑安装工程费用项目组成》,我国现行建筑安装工程费用项目按两种不同的方式划分,即按费用构成要素划分和按造价形成划分,其具体构成如图1-2所示。

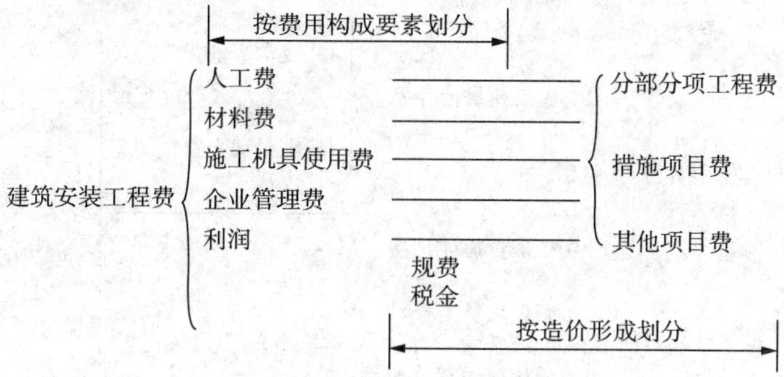

图1-2 建筑安装工程费用项目构成

按照费用构成要素划分包括:人工费、材料费(包含工程设备,下同)、施工机具使用费、企业管理费、利润、规费、税金。按照工程造价形成划分包括:分部分项工程费、措施项目费、其他项目费、规费、税金。建标〔2013〕44号文自2013年7月1日起施行,原建设部、财政部《关于印发<建筑安装工程费用项目组成>的通知》(建标〔2003〕206号)同时废止。

(1)建筑安装工程费用项目组成(按费用构成要素划分)

建筑安装工程费按照费用构成要素划分包括:人工费、材料费(包含工程设备,下同)、施工机具使用费、企业管理费、利润、规费和税金组成。其中人工费、材料费、施工机具使用费、企业管理费和利润包含在分部分项工程费、措施项目费、其他项目费中(如图1-3所示)。

① 人工费。是指按工资总额构成规定,支付给从事建筑安装工程施工的生产工人和附属生产单位工人的各项费用。内容包括:

a. 计时工资或计件工资。是指按计时工资标准和工作时间或对已做工作按计件单价支付给个人的劳动报酬。

b. 奖金。是指对超额劳动和增收节支支付给个人的劳动报酬。如节约奖、劳动竞赛奖等。

c. 津贴补贴。是指为了补偿职工特殊或额外的劳动消耗和因其他特殊原因支付给个人的津贴,以及为了保证职工工资水平不受物价影响支付给个人的物价补贴。如流动施工津贴、特殊地区施工津贴、高温(寒)作业临时津贴、高空津贴等。

d. 加班加点工资。是指按规定支付的在法定节假日工作的加班工资和在法定日工作时间外延时工作的加点工资。

e. 特殊情况下支付的工资。是指根据国家法律、法规和政策规定,因病、工伤、产假、计划生育假、婚丧假、事假、探亲假、定期休假、停工学习、执行国家或社会义务等原因按计时工

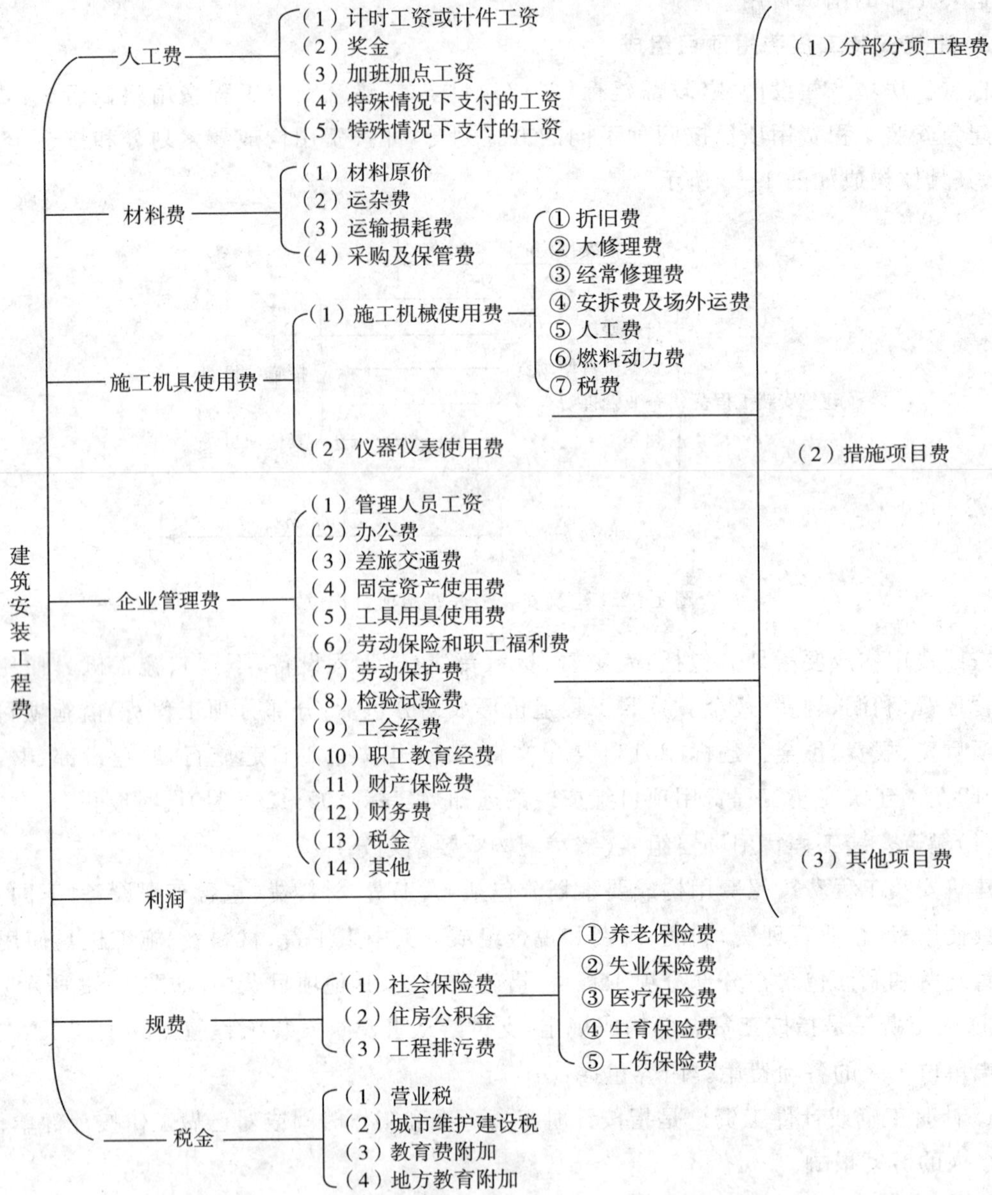

图 1－3　建筑安装工程费用项目组成（按费用构成要素划分）

资标准或计时工资标准的一定比例支付的工资。

② 材料费。是指施工过程中耗费的原材料、辅助材料、构配件、零件、半成品或成品、工程设备的费用。内容包括：

a. 材料原价。是指材料、工程设备的出厂价格或商家供应价格。

b. 运杂费。是指材料、工程设备自来源地运至工地仓库或指定堆放地点所发生的全部费用。

c. 运输损耗费。是指材料在运输装卸过程中不可避免的损耗。

d. 采购及保管费。是指为组织采购、供应和保管材料、工程设备的过程中所需要的各项费用。包括采购费、仓储费、工地保管费、仓储损耗。

工程设备是指构成或计划构成永久工程一部分的机电设备、金属结构设备、仪器装置及其他类似的设备和装置。

③ 施工机具使用费。是指施工作业所发生的施工机械、仪器仪表使用费或其租赁费。

a. 施工机械使用费。以施工机械台班耗用量乘以施工机械台班单价表示，施工机械台班单价应由下列七项费用组成：

折旧费。指施工机械在规定的使用年限内，陆续收回其原值的费用。

大修理费。指施工机械按规定的大修理间隔台班进行必要的大修理，以恢复其正常功能所需的费用。

经常修理费。指施工机械除大修理以外的各级保养和临时故障排除所需的费用。包括为保障机械正常运转所需替换设备与随机配备工具附具的摊销和维护费用，机械运转中日常保养所需润滑与擦拭的材料费用及机械停滞期间的维护和保养费用等。

安拆费及场外运费。安拆费指施工机械（大型机械除外）在现场进行安装与拆卸所需的人工、材料、机械和试运转费用以及机械辅助设施的折旧、搭设、拆除等费用；场外运费指施工机械整体或分体自停放地点运至施工现场或由一施工地点运至另一施工地点的运输、装卸、辅助材料及架线等费用。

人工费。指机上司机（司炉）和其他操作人员的人工费。

燃料动力费。指施工机械在运转作业中所消耗的各种燃料及水、电等。

税费。指施工机械按照国家规定应缴纳的车船使用税、保险费及年检费等。

b. 仪器仪表使用费。是指工程施工所需使用的仪器仪表的摊销及维修费用。

④ 企业管理费。是指建筑安装企业组织施工生产和经营管理所需的费用。内容包括：

a. 管理人员工资。是指按规定支付给管理人员的计时工资、奖金、津贴补贴、加班加点工资及特殊情况下支付的工资等。

b. 办公费。是指企业管理办公用的文具、纸张、账表、印刷、邮电、书报、办公软件、现场监控、会议、水电、烧水和集体取暖降温（包括现场临时宿舍取暖降温）等费用。

c. 差旅交通费。是指职工因公出差、调动工作的差旅费、住勤补助费，市内交通费和误餐补助费，职工探亲路费，劳动力招募费，职工退休、退职一次性路费，工伤人员就医路费，工地转移费以及管理部门使用的交通工具的油料、燃料等费用。

d. 固定资产使用费。是指管理和试验部门及附属生产单位使用的属于固定资产的房屋、设备、仪器等的折旧、大修、维修或租赁费。

e. 工具用具使用费。是指企业施工生产和管理使用的不属于固定资产的工具、器具、家具、交通工具和检验、试验、测绘、消防用具等的购置、维修和摊销费。

f. 劳动保险和职工福利费。是指由企业支付的职工退职金、按规定支付给离休干部的经费，集体福利费、夏季防暑降温、冬季取暖补贴、上下班交通补贴等。

g. 劳动保护费。是企业按规定发放的劳动保护用品的支出。如工作服、手套、防暑降温饮料以及在有碍身体健康的环境中施工的保健费用等。

h. 检验试验费。是指施工企业按照有关标准规定，对建筑以及材料、构件和建筑安装物进行一般鉴定、检查所发生的费用，包括自设试验室进行试验所耗用的材料等费用。不包括新结构、新材料的试验费，对构件做破坏性试验及其他特殊要求检验试验的费用和建设单位委托检测机构进行检测的费用，对此类检测发生的费用，由建设单位在工程建设其他费用中列支。但对施工企业提供的具有合格证明的材料进行检测不合格的，该检测费用由施工企业支付。

i. 工会经费。是指企业按《工会法》规定的全部职工工资总额比例计提的工会经费。

g. 职工教育经费。是指按职工工资总额的规定比例计提，企业为职工进行专业技术和职业技能培训，专业技术人员继续教育、职工职业技能鉴定、职业资格认定以及根据需要对职工进行各类文化教育所发生的费用。

k. 财产保险费。是指施工管理用财产、车辆等的保险费用。

l. 财务费。是指企业为施工生产筹集资金或提供预付款担保、履约担保、职工工资支付担保等所发生的各种费用。

m. 税金。是指企业按规定缴纳的房产税、车船使用税、土地使用税、印花税等。

n. 其他。包括技术转让费、技术开发费、投标费、业务招待费、绿化费、广告费、公证费、法律顾问费、审计费、咨询费、保险费等。

⑤ 利润。是指施工企业完成所承包工程获得的盈利。

⑥ 规费。是指按国家法律、法规规定，由省级政府和省级有关权力部门规定必须缴纳或计取的费用。包括：

a. 社会保险费

养老保险费。是指企业按照规定标准为职工缴纳的基本养老保险费。

失业保险费。是指企业按照规定标准为职工缴纳的失业保险费。

医疗保险费。是指企业按照规定标准为职工缴纳的基本医疗保险费。

生育保险费。是指企业按照规定标准为职工缴纳的生育保险费。

工伤保险费。是指企业按照规定标准为职工缴纳的工伤保险费。

b. 住房公积金。是指企业按规定标准为职工缴纳的住房公积金。

c. 工程排污费。是指按规定缴纳的施工现场工程排污费。

其他应列而未列入的规费，按实际发生计取。

⑦ 税金。是指国家税法规定的应计入建筑安装工程造价内的营业税、城市维护建设税、教育费附加以及地方教育附加。

(2)建筑安装工程费用项目组成(按造价形成划分)

建筑安装工程费按照工程造价形成划分包括：分部分项工程费、措施项目费、其他项目费、规费、税金组成，分部分项工程费、措施项目费、其他项目费包含人工费、材料费、施工机具使用费、企业管理费和利润(如图 1-4 所示)。

① 分部分项工程费。是指各专业工程的分部分项工程应予列支的各项费用。

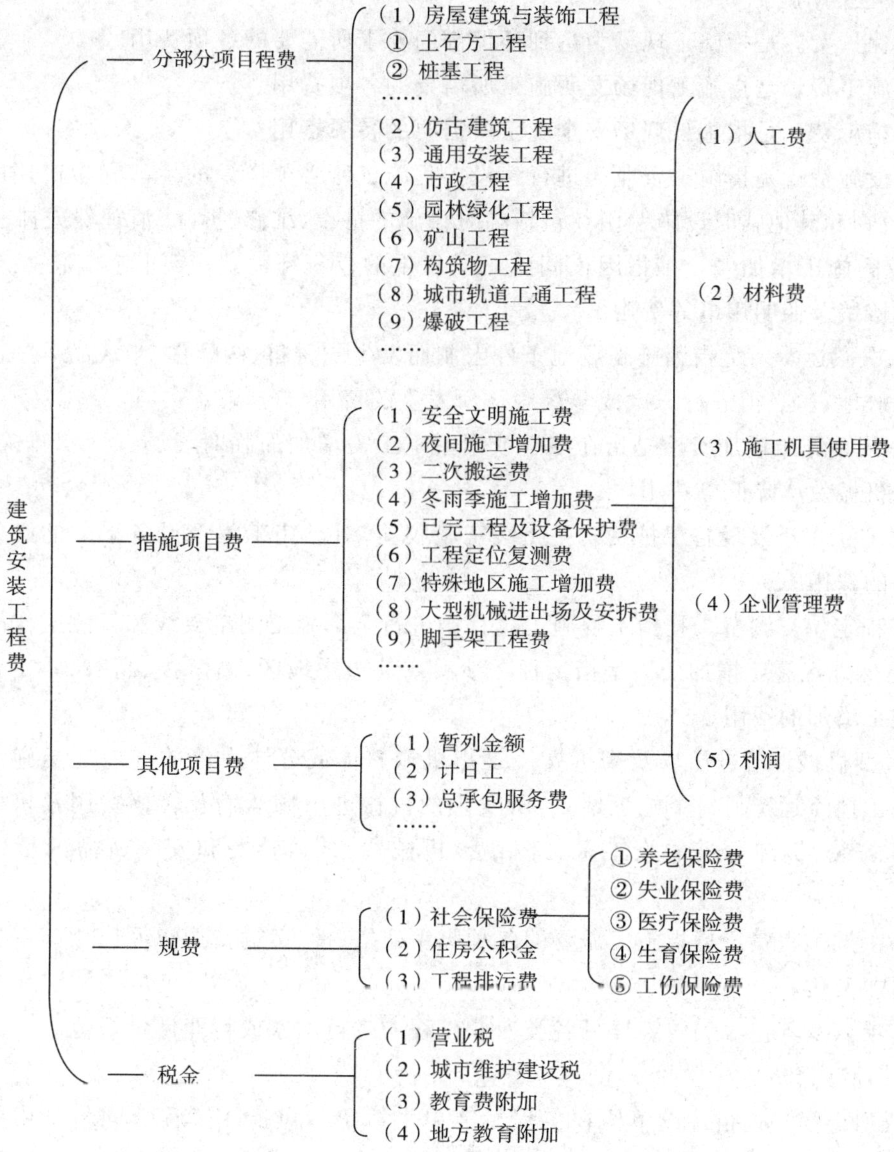

图 1－4　建筑安装工程费用项目组成(按造价形成划分)

a. 专业工程。是指按现行国家计量规范划分的房屋建筑与装饰工程、仿古建筑工程、通用安装工程、市政工程、园林绿化工程、矿山工程、构筑物工程、城市轨道交通工程、爆破工程等各类工程。

b. 分部分项工程。指按现行国家计量规范对各专业工程划分的项目。如房屋建筑与装饰工程划分的土石方工程、地基处理与桩基工程、砌筑工程、钢筋及钢筋混凝土工程等。

各类专业工程的分部分项工程划分见现行国家或行业计量规范。

② 措施项目费。是指为完成建设工程施工，发生于该工程施工前和施工过程中的技术、生活、安全、环境保护等方面的费用。内容包括：

a. 安全文明施工费

环境保护费。是指施工现场为达到环保部门要求所需要的各项费用。

文明施工费。是指施工现场文明施工所需要的各项费用。

安全施工费。是指施工现场安全施工所需要的各项费用。

临时设施费。是指施工企业为进行建设工程施工所必须搭设的生活和生产用的临时建筑物、构筑物和其他临时设施费用。包括临时设施的搭设、维修、拆除、清理费或摊销费等。

b. 夜间施工增加费。是指因夜间施工所发生的夜班补助费、夜间施工降效、夜间施工照明设备摊销及照明用电等费用。

c. 二次搬运费。是指因施工场地条件限制而发生的材料、构配件、半成品等一次运输不能到达堆放地点，必须进行二次或多次搬运所发生的费用。

d. 冬雨季施工增加费。是指在冬季或雨季施工需增加的临时设施、防滑、排除雨雪，人工及施工机械效率降低等费用。

e. 已完工工程及设备保护费。是指竣工验收前，对已完工程及设备采取的必要保护措施所发生的费用。

f. 工程定位复测费。是指工程施工过程中进行全部施工测量放线和复测工作的费用。

g. 特殊地区施工增加费。是指工程在沙漠或其边缘地区、高海拔、高寒、原始森林等特殊地区施工增加的费用。

h. 大型机械设备进出场及安拆费。是指机械整体或分体自停放场地运至施工现场或由一个施工地点运至另一个施工地点，所发生的机械进出场运输及转移费用及机械在施工现场进行安装、拆卸所需的人工费、材料费、机械费、试运转费和安装所需的辅助设施的费用。

i. 脚手架工程费。是指施工需要的各种脚手架搭、拆、运输费用以及脚手架购置费的摊销(或租赁)费用。

措施项目及其包含的内容详见各类专业工程的现行国家或行业计量规范。

③ 其他项目费

a. 暂列金额。是指建设单位在工程量清单中暂定并包括在工程合同价款中的一笔款项。用于施工合同签订时尚未确定或者不可预见的所需材料、工程设备、服务的采购，施工中可能发生的工程变更、合同约定调整因素出现时的工程价款调整以及发生的索赔、现场签证确认等的费用。

b. 计日工。是指在施工过程中，施工企业完成建设单位提出的施工图纸以外的零星项目或工作所需的费用。

c. 总承包服务费。是指总承包人为配合、协调建设单位进行的专业工程发包，对建设单位自行采购的材料、工程设备等进行保管以及施工现场管理、竣工资料汇总整理等服务所需的费用。

④ 规费。定义同前。

⑤ 税金。定义同前。

三、建设工程全寿命周期成本构成

一般工程项目产品全寿命周期包括:可行性研究与决策、设计与施工建造、使用及运行、报废及处理四个阶段,每个阶段都有费用消耗。四个阶段消耗的费用依次称为:可研与决策成本、设计成本和施工成本、使用及运行成本、报废及处理成本。

工程项目全寿命周期成本通常又划分为项目建设期成本和使用期成本。项目建设期成本包括可行性研究成本、设计成本、施工成本和竣工交付等消耗费用。使用期成本指项目竣工交付后维持正常使用所需运行、维修保养、废弃处理成本消耗费用。

在建设过程中,如果片面追求降低工程建设成本导致建筑及设备质量降低,必然会导致使用运行期间运行成本提高。譬如在严寒、寒冷和冬冷夏热地区,为提高围护结构的保温隔热性能,墙体采用聚苯板外墙保温系统构造,窗户采用中空双层玻璃窗,必然增加工程建设成本,但建筑物今后几十年使用期间的采暖和制冷使用费用将大大降低,进行全寿命周期成本比较将是经济的,并符合建筑节能可持续发展要求。又如,钢结构房屋与钢筋混凝土结构房屋相比,工程建设成本高,但寿命终止时钢结构拆除成本低,而且可回收资源价值高,对环境危害小。

企业生产的产品只有销售才能实现其价值,因此企业成本控制不能局限于生产成本的控制,产品生产必须着眼于用户需要的必要功能,为产品寿命周期总成本降低主动作为。

对于工程项目业主而言,既是项目的出资者,又是物业拥有者,大多还是直接使用者,有远见的业主所关心和要控制的是项目产品全寿命周期成本,即既要控制工程建设成本,又要控制项目使用运行成本,并要进行综合平衡,使全寿命周期成本控制在经济范围之内。因此对项目全寿命周期成本进行全过程计划和控制,更多应是项目业主方的职责,控制的重点和时间主要是在项目可行性研究和设计阶段。

对于工程承包方而言,对项目全寿命周期成本进行全过程控制能做的贡献,依据项目承包方式不同而不同。在项目总承包的模式下,总包方可从设计与施工综合角度更多计划和控制项目全寿命周期成本。在仅以项目施工发包的模式下,施工承包方对全寿命周期成本考虑的主动权没有,只能按图施工,以保证施工质量来减少项目使用运行期间建筑设备维修费用,为全寿命周期成本控制作贡献。因此,推行和选择项目总承包的模式更有利于进行全寿命周期成本控制。

工程项目全寿命周期成本控制方法与传统成本控制方法不同点表现在以下几个方面。

(1)它着眼于工程项目全寿命周期的成本控制,克服了传统成本控制只重视施工生产成本而忽略项目可研和设计对项目建设成本和使用成本的重要控制作用。

(2)它揭示了项目全寿命周期各阶段成本之间的辩证统一关系,降低项目使用成本可能导致建设成本的上升,而降低项目建设成本又可能引起项目使用成本的上升,只有从全寿命周期综合分析比较,成本决策才能更为科学合理,也有利于明确各阶段成本控制的重点和控制方法。

第三节　建设工程成本分类

为了加强企业的成本管理工作，严格控制成本的支出，以降低工程成本，提高经济效益，就必须对建设工程成本进行科学的分类。建设工程成本的分类方法很多，按照成本管理的不同阶段、不同的参与方、不同的成本费用性质和不同的特点，有不同的分类方法。

一、按建设工程项目全寿命周期不同阶段分类

基于建设工程项目全寿命周期成本管理的理念，必须针对建设工程项目全寿命周期的不同阶段的成本进行有效控制。建设工程项目全寿命周期成本管理的主体是建设工程项目的建设方，也称为业主。

1. 项目可行性研究与决策阶段成本管理

项目可行性研究是指对项目在技术、经济等方面是否可行而进行的全方位研究，为项目决策提供依据。影响项目在中后期阶段的成本的主要因素包括：项目的选址、项目的建设方案、主要设备的选择、项目的工期、项目的投资控制额等。

在项目的前期阶段进行成本管理，如果从可行性研究报告编制承担者的角度来看，是为了降低可行性研究成本费用。如果从项目业主的角度来看，则包含两方面含义：一是支付可行性研究费用的控制；二是对可行性研究报告所反映出的项目的选址、项目建设方案、设备选择、工期等对项目功能实现及建设成本的影响，编制质量高的可行性研究报告既能满足业主对项目功能的要求，又能节省建设成本，反之则可能在看似合理的方案掩盖下耗费了更多的建设成本。因此，业主必须加强对可行性研究报告编制质量的审查。

2. 项目设计阶段成本管理

项目的设计工作是在项目的可行性研究报告编制完成并通过项目决策评审，提出项目设计任务书后，按照设计任务书的要求对项目的总体方案、项目的组成及布局、结构类型、工艺流程、主要设备选型等方面进行具体设计，绘制出建筑、结构、安装等各个专业的图纸。

从项目的全寿命周期成本管理的角度来分析，在项目可研及决策正确的前提下，项目的设计是对项目的全寿命周期成本影响最重要的阶段（如图 1－5 所示）。图 1－5 反映的是在项目全寿命周期过程中，各个不同的建设阶段对项目的全寿命周期成本的影响程度。

项目的设计阶段按设计程序进行划分，可以分为初步设计、技术设计、施工图设计三个阶段，简单的建设工程项目一般将初步设计和技术设计合并称为扩大初步设计。从图 1－5 中可以看到，初步设计和技术设计（或合称为扩大初步设计）阶段对项目的全寿命周期成本的影响程度达到 60％（95％～35％）。这个阶段的设计工作确定了项目的总体方案、项目的组成及布局、结构类型、工艺流程、主要设备选型等方面，对项目的全寿命周期成本的影响幅度较大。

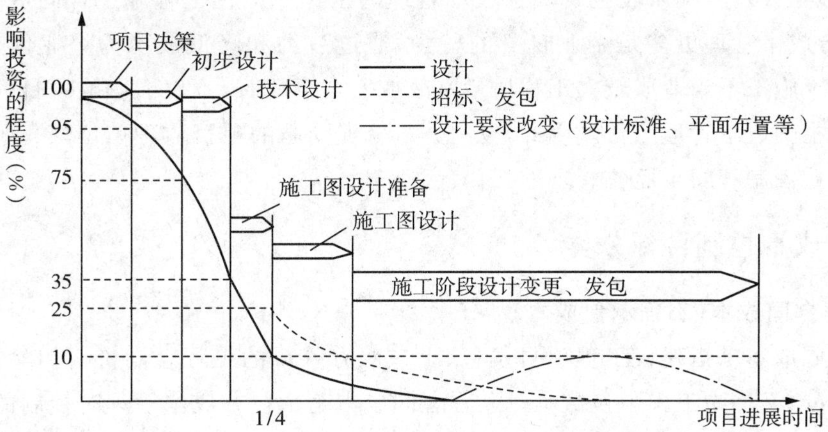

图 1－5　各个建设阶段对成本的影响程度

一个优秀的设计方案既能满足业主对项目功能的要求，又能节省项目的全寿命周期成本，还能方便项目的后期施工，使项目顺利地进行。如果从业主的角度来看，对项目的设计阶段进行成本管理，不仅是对设计成本的控制，更是对设计方案反映的后期施工成本的控制，业主的目的是实现在保证功能的前提下达到项目的全寿命周期成本的最低化。如果从设计方的角度来看，项目设计阶段成本管理的目的是降低设计成本，这是设计方的成本管理问题。因此，在项目的设计阶段，业主方要与设计方充分沟通，提出明确的设计要求，运用科学的方法评选最优的设计方案，选择最合适的勘察设计方，认真审查设计方案、施工图、设计概预算等。

目前我国的建设工程项目多数都采用招投标的方式来选择项目的各个专业的承包方。如果建设工程项目采用的是设计－建造模式，设计和施工的招投标工作是分开进行的；如果建设工程项目采用的是 EPC（设计－采购－施工）模式，设计、采购、施工是作为 个整体来进行招投标。无论采用哪一种模式发包，招投标阶段都是项目进行成本管理的非常重要的一环。

项目在招投标阶段进行成本管理，包括以下环节：发承包模式的选择，合同模式的选择，工程量清单的核算，标的的编制与审核，投标方的资格预审，评标与决标，合同的签订等。在建设工程项目的建设成本的费用构成中，建筑安装费和设备采购费的比例很大，所以，应重点关注这两个部分的招投标工作和合同的签订工作。

从业主对项目全寿命周期成本管理的角度来看。招投标阶段合同所签订的建筑安装费用、设备采购费构成了建设成本的主要组成部分。在施工过程中，还可能发生工程变更等因素引起成本的升降，但变化幅度一般在 10％以内，如图 1－5 所示。

4. 项目施工阶段成本管理

施工阶段是工程实体的建造阶段，随着人工、材料、机械设备等的投入，项目将由图纸逐步变为工程实体。业主方在施工阶段成本管理的重点是：加强工程计量与价款结算的审核；控制工程变更，特别是由于业主方原因引起的工程变更。

同时，施工方在施工阶段也要加强成本管理的工作。但在工程施工合同造价条款的约束下，施工方成本管理更多是企业自身的行为，通过节约和降低成本为企业创造更多的利润。但若由于施工不当造成较大工程质量事故或安全事故时，不仅会影响项目的施工成本，也会影响业主的成本管理工作。因此，业主方应督促受聘的项目监理单位认真履行职责，加强对工程质量控制和安全监督管理的工作。

二、按施工成本控制目标分类

1. 工程合同成本（工程承包成本）

工程合同成本是指建设工程项目发包、承包双方签订的工程合同价格扣除计划利润和税金后的部分，又称为工程承包成本。工程合同成本是承包方成本管理时控制的最高限额，若实际成本超出此限额，即意味着承包方无法获取预定的计划利润值，成本增额如果超出预定的计划利润额，即工程承包出现亏损。

$$\begin{cases}\text{工程实际成本}-\text{工程合同成本}>\text{计划利润，则工程承包亏损}\\ 0<\text{工程实际成本}-\text{工程合同成本}<\text{计划利润，则工程利润减少}\\ \text{工程实际成本}-\text{工程合同成本}<0\text{，则工程承包盈利}\end{cases}$$

显然，对于同一工程项目，工程合同成本额越小，承包方进行施工成本管理的压力将越大。在当前建设市场激烈竞争中，由于发包方压价，承包方投标报价往往保险低价，这样虽然中标，但会面临成本管理的巨大压力。

工程合同成本是编制施工计划成本的主要依据。

2. 工程施工计划成本

工程施工计划成本是指建设工程的项目经理部根据工程合同成本及合同文件相关要求、项目设计文件、项目实施计划、工程市场价格信息、相关定额、类似项目的成本资料等编制的计划成本。从额度上施工计划成本应低于工程合同成本，以节约额来弥补低价中标损失和增加企业追求的利润。

工程计划成本＜工程合同成本，以节约额弥补损失，增加利润。工程施工计划成本是施工项目控制成本的目标。

3. 工程实际成本

工程实际成本是项目施工过程中实际发生费用。将工程实际成本与工程计划成本比较，可揭示成本的节约和超支情况，考核项目部成本管理的效果。将工程实际成本与工程合同成本比较，可以反映工程项目盈亏的情况。

$$\begin{cases}\text{工程实际成本}>\text{工程计划成本，则成本超支}\\ \text{工程实际成本}>\text{工程计划成本，则成本节约}\end{cases}$$

降低工程实际成本是项目进行成本管理的关键。

三、按施工成本专项措施分类

建设工程项目在建设期间的施工成本管理工作细致而复杂，建设期间影响成本的因素众多，任何一方面的变化都可能引起成本的升降，因此需要项目部从多方面采取专项控制措施，细化和深化成本管理工作，并分类进行控制。

1. 材料及物流成本

材料及物流成本是指构成工程实体的各种物料的采购、仓储、运输等非生产环节发生的费用。由于建设工程耗用大量材料和构配件等物资，材料及物流成本费用很大，需要对物流成本进行有效控制。

2. 工程质量成本

工程质量成本，是指为保障工程质量所耗费的费用以及因未达到工程质量要求所造成的损失费用之和。通常包括内部质量事故成本、外部质量事故成本、工程质量鉴定成本、工程质量预防成本。

对工程质量成本采取专项控制措施，其意义不仅在于降低质量成本，更重要的是通过开展质量成本统计核算，找出施工质量管理存在的问题及薄弱环节，改进工作、提高工程质量水平，以应对在当前建设市场处于买方市场的情况下，企业以质量求生存，以质量开拓市场的发展战略需求。

3. 工程进度成本

工程进度成本是指工程施工中，因改变正常计划工期而导致的工程施工成本费用的增减值。在建设工程项目管理体系中，成本、质量、进度、安全四因素是矛盾的统一体，任何一项发生改变都可能引起其他因素变化，并导致工程施工成本的增减。若因某些原因导致工期延误，若不采取紧急措施，推迟竣工将面临合同约定的较大工期罚款。但要压缩工期，赶进度，需投入更多的生产要素并加班加点，使成本增加，同时也可能因赶工引发质量问题，带来质量损失费用。因此对工程进度延误可能带来成本增加及相关影响要予以控制。

4. 企业管理费分摊成本

企业管理费分摊成本是指在建设工程项目在施工过程中，部分管理费的支出是属于整个项目的，在对单项或单位工程施工成本进行细化控制及成本考核时，需要将其进行分摊，故称其为分摊成本。对分摊成本的控制，一是要合理进行分摊；二是要降低分摊成本。

5. 工程变更成本

工程变更成本是指在建设工程项目在建设过程中，由于人为或自然因素的影响，导致项目必须对原设计进行一定修改变更，并引起工程成本的变化。工程变更的人为因素包括：设计方原因变更；业主原因变更；施工方原因变更及其他方原因变更。工程变更的自然因素包括：工程地质及水文变化；不可抗力影响；自然灾害等。不论何种原因引起的工程变更都可能引起工程费用及成本的增减，都需进行控制。

6. 新技术、新工艺研发成本

建设市场激烈竞争，施工工艺不断进步，这将促使企业研发新技术、新工艺、新方法，以降低成本。但为新技术、新工艺研发耗费的成本，与其可能带来的成本节约和相关效益间的技术经济比较，是新技术、新工艺是否具有应用价值的重要判断。

四、按成本发生可确定性分类

1. 静态成本与动态成本

(1)静态成本

静态是相对的概念，是指对应于某一时间点的工程施工成本。如工程合同成本、施工计划成本等。工程合同成本是由工程合同成本签订时的合同价格确定的，而合同价格是基于中标施工单位的投标报价双方商签的，一般投标报价则是按投标截止日前28天(4周)的人工价格、工程材料、机械设备确定的。因此，工程合同成本实际是以投标截止日前28天的价格指数为参照的静态成本。

(2)动态成本

由于建设工程项目的建设周期一般都较长，在建设期内，工程成本受时间影响的因素较多。比如人工、材料、机械费用的变化，各种政策性文件引起的调价等，这些因素都会带来工程成本的变化。工程成本实际是一种变化的动态成本，如果仅仅按照工程静态成本进行工程价格结算是不符合工程实际的，因此一般工程合同中都会有工程调价条款，以解决动态成本与静态成本带来的差异问题。只有工程简单、工期较短的建设工程才有可能签订固定价格合同，且不允许调价，这种模式的工程合同成本属于静态成本。

2. 正常成本与风险成本

(1)正常成本

正常成本是指正常施工状态下，建筑施工企业进行施工生产所支付的总费用。

(2)风险成本

风险成本是指在施工过程中由风险事件或风险事件发生后引起的损失或减少的收益，以及为阻止风险事件发生所采取的预防措施而支出的费用。风险成本包括以下两类：

① 风险有形成本，是指风险事件造成的直接损失和间接损失。直接损失是指发生在风险事件现场的财产损失或伤亡人员的价值；间接损失是指发生在风险事件现场以外的损失，以及收益的减少。

② 风险无形成本，也称隐形成本，是指风险活动或事件发生前后，而使风险主体付出的代价。其主要包括：减少获利的机会、阻止了生产率的提高、引起资源配置不合理、引起了人的恐惧心理等。

第四节　建设工程成本管理体系

一、典型的成本管理体系

1. 全过程造价管理体系

自20世纪80年代中期开始，我国工程造价管理领域的理论工作者和实际工作者先后提出了对建设工程项目进行全过程造价管理的思想。20世纪90年代以后，我国工程造价管理学界的学者和实际工作者，更进一步地对全过程造价管理的思想与内涵提出了许多看法和设想。

1997年，中国建设工程造价管理协会的学术委员会为推动我国的全过程造价管理的发展，进一步明确了有关工程造价管理的目标和管理方针。在1997年下发的文件《建设工程造价管理工作要素(征求意见稿)》中提出，建设工程造价管理要达到的目标：一是造价本身要合理，二是实际造价不超概算。为此，要从建设工程的前期工作开始，采取"全过程、全方位"的管理方针，这表明我国在建设工程项目造价管理中采取"全过程造价管理"的方针已经正式确立。

但是由中国造价管理界提出的全过程造价管理，在现阶段基本上还是一种理念，仍然没有形成一套系统的全过程造价管理理论和方法体系，现有的工程项目全过程造价管理研究还局限在对工程造价管理的指导思想与方针的对错和是非的讨论阶段，尚未建立起一套适用于建设工程项目的全过程造价管理的方法论。

2. 全寿命周期造价管理体系

全寿命周期造价管理(Life Cycle Costing，LCC)，也称全寿命周期成本管理。主要是由英美的一些成本工程界的学者和实际工作者于20世纪70年代末和80年代初提出的。现在能够找到的最早使用"全寿命周期成本管理"这一名词的文献是英国的A. Gordon于1974年6月在英国皇家特许测量师协会的《建筑与工料测量》季刊上发表的"3L概念的经济学"一文，以及1977年由美国建筑师协会(American Institute of Architects，AIA)出版的《全寿命周期造价分析——建筑师指南》一书。20世纪80年代初，英国造价管理界的学者与实际工作者在全寿命周期造价管理方面做了大量的研究并取得了突破，给出了全寿命周期造价管理的基本概念、基本理论和主要方法。关于建设工程项目全寿命周期造价管理思想与方法的核心概念及其定义有如下几种说法。

(1)全寿命周期造价管理是建设工程项目投资决策的一种分析工具，它是一种用来选择决策备选方案的数学方法。

(2)全寿命周期造价管理是建筑设计的一种指导思想和手段。它是可以计算建设工程项目整个服务期的所有成本(以货币衡量)，包括直接的、间接的、社会的、环境的等各项成本，以确定设计方案的一种技术方法。

(3)全寿命周期造价管理是一种实现工程项目全寿命周期，包括建设前期、建设期、使用期、翻新与拆除期等阶段总造价最小化的方法。它是一种可审计跟踪的建设工程成本管理系统。

3. 全面造价管理体系

全面造价管理即全面成本管理(Total Cost Management，TCM)，其思想产生于20世纪90年代中期。国际全面管理促进会前主席(原美国造价工程师协会主席)R. E. Westney在其《全面成本管理——美国成本工程师协会的发展展望》一文中，给全面成本管理下的定义是："全面成本管理就是通过有效地使用专业知识和专门技术，去计划和控制资源、造价、盈利和风险。"简单地说，全面成本管理是一种用于管理任何企业、作业、设施、项目、产品或服务的全寿命周期成本管理的系统方法。它是通过在整个成本管理过程中以成本工程和成本管理的科学原理、已获验证的技术方法和最新的作业技术作支持而得以实现的。"

此后，国际成本工程界对全面成本管理的定义及其理论与实践进行了大量的研究。在经过了广泛的学术讨论之后，国际全面成本管理促进会在其协会章程中对全面成本管理给出了如下的定义："全面成本管理是一个工程实践领域，在这个领域中，工程经验判断、科学原理、技术方法相结合，以解决经营管理和工作的计划、成本预算、经济和财务分析、成本工程、作业与项目管理、计划与排产和成本以及进度的情况度量与变更控制。"

我国学者戚安邦提出，要建立一套科学的建设工程项目全面造价管理的方法论，就必须包括四个方面的工程造价管理的具体技术方法，这4个方面的具体技术方法如下：

(1)面向建设工程项目实现的全过程，以工程项目全过程中的每项具体活动为对象，基于项目具体活动造价管理与活动过程造价控制的全过程造价管理技术方法。

(2)面向工程项目各项活动的工期、质量和造价3要素，集成管理这些要素对工程项目造价的影响，全面控制工程项目造价变动要素的全要素造价管理技术方法。

(3)面向工程项目造价的不确定性，全面管理确定性造价、风险性造价和完全不确定性造价，全面控制项目造价和项目不可预见费等管理储备的全风险造价管理技术方法。

(4)面向消除工程项目团队成员的利益冲突和信息沟通问题，建立全团队成员的合作伙伴关系，组织全团队成员共同开展工程项目全面造价管理的全团队造价管理技术方法。

4. 工程造价管理体系

工程造价管理体系是我国在工程造价管理、建设项目投资管理的实践中采用的实际方法。要合理确定工程造价，就要在建设程序的各个阶段，合理确定投资估算、概算造价、预算造价、承包合同价、结算价、施工预算价、竣工决算价。

在项目建议书阶段，按照有关规定，应编制初步投资估算。经有关部门批准，作为拟建项目列入国家中长期计划和开展前期工作的控制造价。

在可行性研究报告阶段，按照有关规定编制的投资估算，经有关部门批准，即为该项目控制工程造价。

在初步设计阶段，按照有关规定编制的初步设计总概算，经有关部门批准，即作为拟建项目工程造价的最高限额。在初步设计阶段，实行建设项目招标承包制签订承包合同协议的，也应在最高限价相应的范围以内。

在施工图设计阶段，按规定编制施工图预算，用以核实施工图预算造价是否超过批准的初步设计概算。对以施工图预算为基础的招标投标工程，承包合同价也是以经济合同形式确定的建筑安装工程造价。

在工程实施阶段，要按照承包方实际完成的工程量，以合同价为基础，同时考虑物价所引起的造价提高，考虑设计中难以预计的实施阶段发生的工程和费用，合理确定结算价。

在竣工验收阶段，全面汇集工程建设过程中实际的全部费用，编制竣工决算。

5. PMBOK 的成本管理体系

美国项目管理学会（Project Management Institute，PMI）在其《项目管理知识体系指南》（第 3 版）（A Guide to the Project Management Body of Knowledge Third Edition，PMBOK Guide）中规定了项目成本管理的内容和程序。

项目成本管理包括成本估算、成本预算、成本控制的过程，以使项目能在已批准的预算内完成。

（1）成本估算，即编制一个完成项目活动所需资源的近似成本。

（2）成本预算，即为了建立一套成本基准而合计各个活动或工作包的估计成本。

（3）成本控制，即影响造成成本偏差的因素，并控制与项目预算相比的变化。

项目成本管理的全部内容如图 1－6 所示。

二、成本管理体系的比较与分析

全过程造价管理、全寿命周期造价管理、全面造价管理，工程造价管理几种体系有来自国外的，也有国内学者提出和在国内实践中采用的。它们虽然可以有效用于工程建设成本管理，但其知识基础都不是项目管理，与项目管理的其他内容，如范围管理、进度管理，都无法共同应用。这几种体系的知识基础是工程估算，或称为成本工程，是工程建设中不同于项目管理的一个专业技术学科。它的知识为项目管理提供方法与技术，是工程项目管理要利用的，但不能起到工程项目成本管理的作用。

PMBOK 的成本管理体系虽然表现形式也有不同，但实质是相同的。是在项目管理的基础上进行成本管理，这也是建设工程项目成本管理的基本条件。二者都允许项目成本管理与项目管理其他部分的集成，都有针对性很强的成本管理内容和程序。

由于 PMI 的 PMBOK 已经被美国国家标准组织（ANSI）定为美国国家标准，而且它还被国际标准化组织（ISO）采用，因而它在项目管理学术界和实践领域中具有很高的权威性和认可度。PMBOK 对建设工程项目成本管理体系的构建有极大的指导意义。

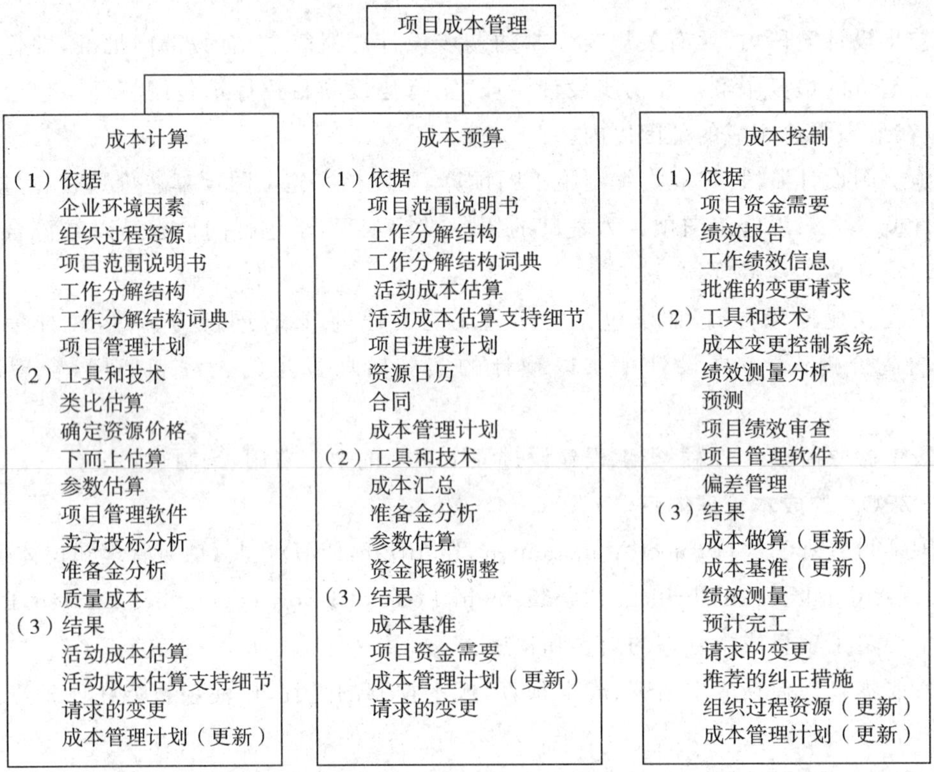

图 1－6　项目成本管理

三、成本管理体系框架构建

1. 项目成本管理的传统框架

建设工程成本管理属于项目成本管理，如果把项目管理视为如图 1－7 所示的系统，则项目成本管理就是对实现项目目标所付出的代价的计划、组织与控制，主要包括以下方面：

(1)资源消耗计划。编制资源消耗计划就是确定完成的各项工作需要何种资源（人、材料、设备）及各种资源的数量。

(2)成本估算。成本估算就是估算完成各项工作所需资源的成本。

(3)成本计划。编制成本计划就是将总成本根据工作分解结构分配到各工作单元中去。

(4)成本控制。成本控制就是在项目进展过程中，不断进行成本计划值与实际值的比较，发现偏差，分析偏差产生的原因，及时采取纠偏措施。

如图 1－7 所示的项目成本管理过程架构，是项目管理体系中极为重要的一个知识领域。

2. 本书的体系

综合考虑各种成本管理体系的优缺点，结合我国的建设工程实践现状及特点，本书将建设工程成本管理的内容分为建设工程成本的预测、计划、控制、核算、分析和考核的理论与方法，构建了与项目管理过程完全对应的建设工程成本管理体系。

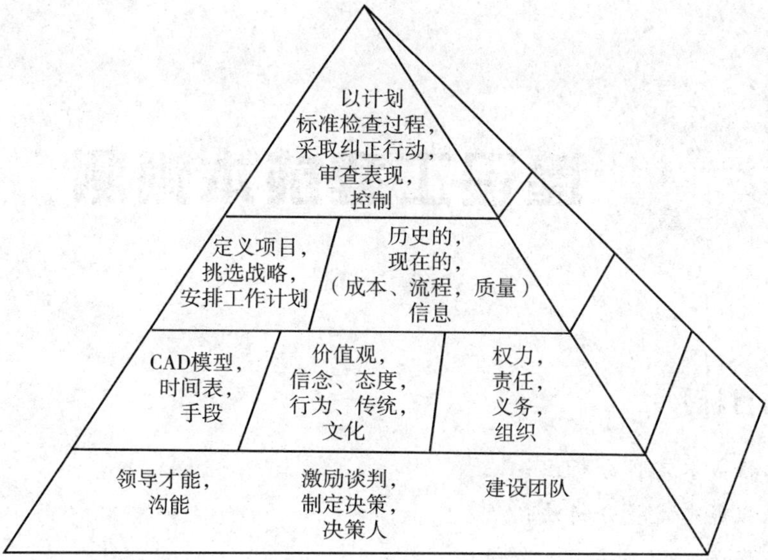

图 1-7　项目管理系统

本章小结

本章从经济学的商品成本的概念出发，对建设工程成本进行了详细的定义。本章还详细介绍了建设项目投资与建设工程造价的构成，以及建设工程全寿命周期成本的构成。同时还介绍了几种不同的建设工程成本的分类方法，以及建设工程成本管理体系。

复习思考题

1. 按照成本构成，下列各项内容不属于施工成本的是(　　)

A. 人工费　　B. 材料费　　C. 措施费　　D. 索赔费用

2. 按照成本构成，可以将施工成本分解为(　　)

A. 人工费、材料费、施工机具使用费、企业管理费、利润

B. 分部分项工程费、措施项目费、其他项目费

C. 人工费、材料费、施工机具使用费、分包费用

D. 人工费、材料费、施工机械使用费、企业管理费、利润、规费、税金

3. 企业的业务招待费，属于(　　)包括的内容

A. 预提费用　　B. 投资损失　　C. 营业外支出　　D. 管理费用

4. 下列各项中，不属于管理费用的是(　　)

A. 非常损失　　B. 工会经费　　C. 待业保险费　　D. 劳动保险费

5. 企业为本单位职工支付的待业保险费，应计入(　　)

A. 管理费用　　B. 职工福利费　　C. 营业费用　　D. 其他业务支出

第二章 建设工程成本预测

【学习重点与目标】

1. 建设工程成本定性分析法；
2. 建设工程成本定量分析法；
3. 建设工程成本预测的因素分析法。

第一节 建设工程成本预测概述

一、建设工程成本预测的概念

1. 成本预测

成本预测是经济预测的一种，是根据历史成本资料、成本信息数据以及成本与各种技术经济因素的相互依存关系，采用经验总结、统计分析及数学模型的方法对未来成本水平及其变化趋势所进行的判断和推测。通过成本预测，掌握未来的成本水平及其变动趋势，有助于减少决策的盲目性，使经营管理者易于选择最优方案，做出正确决策。

2. 建设工程成本预测

建设工程成本预测是通过对建设工程相关成本信息以及建设工程的具体情况进行分析，对未来的建设工程成本水平及其发展趋势做出科学的估计，其实质就是在建设工程项目实施前对建设成本进行估算。建设工程成本预测是成本决策与计划的依据，是加强成本控制的首要环节，是实行建设工程科学管理的一项重要工具，越来越被人们所重视，并日益发挥其重大作用。

二、建设工程成本预测的作用

1. 成本预测是投标决策的依据

建筑施工企业在选择投标项目过程中，往往需要根据项目是否赢利、利润大小等诸多因素确定是否对工程进行投标。在投标决策时就必然要估计项目施工成本的情况，通过与施工图预算的比较，才能分析出项目是否赢利、利润大小等，使项目在最大限度上满足业主要求的条件下，确定一个成本低、效益高的最佳成本方案。

2. 成本预测是编制成本计划的基础

计划是管理工作的第一步，编制可靠的计划具有十分重要的意义。但要编制正确可靠的施工项目计划，必须遵循客观经济规律，从建设项目的实际出发，对未来实施状况做出科学的预测。在编制建设项目成本计划之前，要依据合同文件要求，收集整理和分析建设项目所处自然环境、气象条件、市场行情、施工定额、本企业施工管理能力、可能的干扰因素，并对建设项目进展过程中的成本进行符合实际的科学分析与预测，这样才能保证建设项目成本计划不脱离实际，切实起到控制建设项目成本的作用。

3. 成本预测是成本管理的重要环节

成本预测是在分析建设项目施工过程中各种经济与技术要素对成本升降的影响基础上，推算其成本水平变化的趋势及其规律性，预测建设项目的实际成本。它是预测和分析的有机结合，是事后反馈与事前控制的结合。通过成本预测，有利于及时发现问题，找出建设项目成本管理中的薄弱环节，有的放矢地进行管理和控制。

三、建设工程成本预测的程序

科学、准确的预测必须遵循合理的预测程序。建设工程成本预测过程也应遵循其内在的规律及基本程序，建设工程成本预测程序如图 2－1 所示。

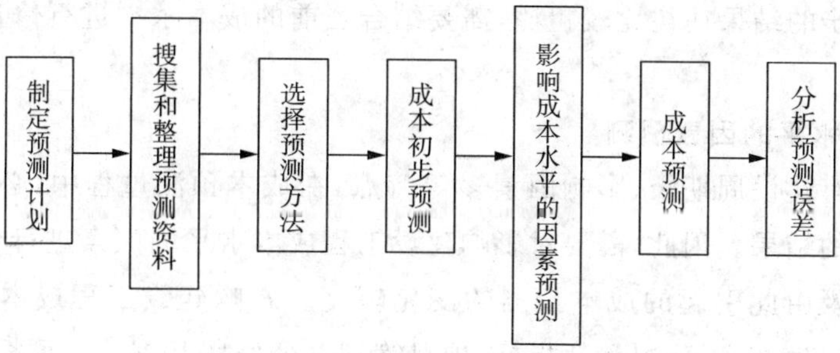

图 2－1　建设工程成本预测程序图

1. 制定预测计划

制订建设项目成本预测计划是成本预测工作顺利进行的保证。预测计划的内容主要包括：组织领导、工作布置、配合的部门、时间进度、搜集材料范围等。如果在拟测过程中发现新情况和发现计划有缺陷，则可修订预测计划，以保证预测工作顺利进行，并获得较好的预测质量。

2. 搜集和整理预测资料

根据建设项目成本预测计划，搜集成本预测资料是进行预测的重要条件。预测资料的真实与准确，决定了预测工作的质量，因此对预测资料进行搜集以及细致的检查和整理很有必要。预测资料一般有纵向和横向的两个方面数据。纵向资料是建筑施工企业各类材料的消耗及价格的历史数据，据以分析其发展趋势；横向资料是指同类建设工程项目的成本资料，同类建筑施工企业的成本资料，据以分析所预测项目与同类项目的差异，并做出估计。

3. **选择预测方法**

建设工程成本预测的准确性不仅取决于成本资料信息的准确性和时效性，而且取决于成本预测方法的科学性和适应性。建设工程成本预测方法一般分为定性预测法与定量预测法两类。

定性预测法主要根据已掌握的信息资料和直观材料，依靠具有丰富经验和分析能力的内行和专家进行推断预测，把专家意见作为预测成本变化的主要依据。常用的定性预测法有：经验判断法（包括经验评判法、专家会议法和专家调查法）、主观概率法、调查访问法等。

定量预测法是利用历史成本费用资料以及成本与影响因素之间的数量关系，通过一定的数学模型来推测、计算未来成本的可能结果的一种预测方法。常用的定量预测法有：移动平均法、指数平滑法、回归分析法、高低点法、量本利分析法和因素分析法等。

定量预测方法与定性预测方法并非相互排斥，而是相互补充，二者可以结合应用，综合确定预测值。

4. **成本初步预测**

主要是根据定性预测的方法以及横向成本资料的定量预测，对建设工程项目成本进行初步估计。这一步的结果往往比较粗糙，需要结合当前的成本水平进行修正，才能保证预测成本结果的质量。

5. **影响成本水平的因素预测**

建设工程具有建设周期长、影响因素多等特点，在成本预测过程中，必然有很多因素会影响到成本预测的结果。因此，需要对影响建设工程成本水平的因素进行分析，预测这些因素的变化趋势以及由此引起的成本预测的变化幅度。影响建设工程成本水平的因素主要有：物价变化、劳动生产率、物料消耗指标、项目管理办公费用开支等。可根据近期内其他工程实施情况、本企业职工及当地分包企业情况、市场行情等，推测未来哪些因素会对本建设工程项目的成本水平产生影响，影响结果如何。

6. **成本预测**

根据初步的成本预测以及对成本水平变化因素预测结果，分析和预估该建设工程项目的成本及其变化情况。根据预测分析的结论，确定最终建设工程成本预测结果，并以此为基础确定目标成本，将其作为编制建设工程成本计划和进行成本控制的依据。

7. **分析预测误差**

成本预测是对施工项目实施之前的成本预计和推断，这往往与实施过程中及其后的实际成本有出入，而产生预测误差。预测误差大小，反映了建设工程成本预测的准确程度。如果误差较大，应分析产生误差的原因，并积累经验，以提高成本预测的准确性。

第二节　建设工程成本定性预测法

定性预测法也称“直观法”，是预测者根据掌握的专业知识和丰富的实际经验，运用逻辑思维方法对未来成本进行预计、推断的各种方法的统称。

定性预测在工程实践中被广泛使用，无论是有意还是无意的。这种方法使用起来比较简便，特别适合于有关预测对象的数据资料不足，或由于影响因素复杂难以用数字描述或对主要影响难以进行定量分析的情况，适用于中、长期预测。

定性预测偏重于对市场行情的发展方向和施工中各种影响施工项目成本因素的分析，能发挥专家经验和主观能动性，比较灵活，而且简便易行，可以较快地提出预测结果。但是在进行定性预测时，也要尽可能地搜集数据，运用数学方法，其结果通常也是从数量上做出测算。常用的定性分析方法有：经验判断法（包括主观判断法、专家会议法和德尔菲法）、主观概率法、调查访问法等。

一、经验判断法

经验判断法主要包括主观判断法、专家会议法和德尔菲法。

1. 主观判断法

主观判断法也称“意见汇集法”，是由本企业熟悉业务、对市场的未来发展变化趋势比较敏感的领导人、主管人员和业务人员根据其多年的实践经验集思广益，分析各种不同意见并对之进行综合分析评价后所进行的判断预测。

这种方法费时不长，耗费较小，运用灵活，并能根据市场的变动及时对预测数进行修正，不足之处在于企业内部的各有关人员对问题理解的广度和深度往往受到一定的限制。

2. 专家会议法

专家会议法是召开专家会议，针对预测对象充分讨论、交换意见，预测工程成本的一种方法，是目前国内普遍采用的一种定性预测法。参加会议的人员，一般选择具有较高的学识水平和丰富的实践经验，对经营管理熟悉，并有一定专长的各方面专家。例如成本预测时，可请工程技术人员、成本核算人员、预算人员、经营人员、施工管理人员、高级经济师和会计师等参加会议。采用专家会议，一般要事先向专家提供成本信息资料，通过会议，对未来成本做出预测。

这种方法简便易行，信息量大，考虑的因素比较全面，参加会议的专家可以相互启发。不足之处在于参加会议的人数总是有限的，因此，代表性不够充分；会上容易受权威人士或大多数人的意见的影响，而忽视少数人的正确意见，即所谓的“从众现象”。使用该方法时，预测值经常出现较大的差异，在这种情况下一般可采用预测值的平均值或加权平均值作为预测结果。

例 2－1　某建筑公司承包一栋框架结构的多层住宅楼，工期 2015 年 5 月至 2016 年 11

月。公司在施工之前进行该工程的成本预测工作。现采用专家会议法预测单位成本。公司召开由本公司9位专家的预测会议,各位专家的预测意见分别为:685、700、715、680、695、710、705、690、685(单位:元/m^2)。

由于预测值相差较大,经过反复讨论,意见集中为685(4人)、700(3人)、710(2人),公司采用加权平均法确定单位成本预测值(Y)为:

$$Y=(685\times4+700\times3+710\times2)/9$$
$$=696(元/m^2)$$

3. **德尔菲法**

德尔菲(Delphi)法是美国"思想库"兰德(rand)公司于1964年首先用于技术预测的。德尔菲是古希腊传说中的神谕之地,城中有座阿波罗神殿可以预卜未来,因而借用其名。德尔菲法也称"专家调查法",是在专家会议法基础上发展起来的。德尔菲法根据专家的直接经验,采用系统的程序,互不见面和反复进行的方式,对某一未来问题进行判断的一种方法。

该法采用函询调查的方式,向有关专家提出所要预测的问题,请他们在互不商量的情况下,各自做出书面答复;然后将收集的意见进行综合、整理和归类,并匿名反馈给各个专家;再次征求意见,如此经过多次反复之后,就能对所需预测的问题取得较为一致的意见,从而得出预测结果。为了能体现各种预测结果的权威程度,可以针对不同专家的预测结果,分别给予重要性权数,再将他们对各种情况的评估作加权平均计算,从而得到期望平均值,做出较为可靠的预测判断。

德尔菲法的程序和内容如下:

(1)组织领导

运用德尔菲法进行预测,需要成立一个预测领导小组。领导小组负责草拟预测主题,编制预测事件一览表,选择专家以及对预测结果进行分析、整理、归纳和处理。

(2)选择专家

专家的选择是德尔菲法的关键。专家一般指掌握某一特定领域知识和技能的人员。该方法以信函方式与专家直接联系,专家之间没有任何联系。可避免当面讨论时相互干扰,或者当面表达意见受到约束。

(3)预测内容

根据预测任务制定专家应答的问题提纲,说明做出定量估计、进行预测的依据及其对判断的影响程度。

(4)预测程序

第一轮函询调查,向专家寄去预测目标的背景材料和所需预测的具体项目。专家可以各种形式回答有关问题,也可向预测单位索取更详细的统计材料。预测单位对专家的各种回答进行综合整理,剔除次要的、分散的事件,把相同的事件、结论统一起来,用准确术语,进行统一的描述,然后反馈给各位专家,进行第二轮的函询。

第二轮函询，要求专家对与所预测目标有关的各种事件发生的时间、空间、规模大小等提出具体的预测，并说明理由。预测单位对专家的意见进行处理，统计每一件事可能发生日期的中位数，再次反馈给有关专家。

第三轮是各位专家再次得到函询综合统计报告后，对预测单位提出的综合意见和论据进行评价，重新修正原先各自的预测值，对预测目标重新进行预测。

上述步骤，一般通过四轮，预测的主持者应要求各位专家根据提供的全部预测资料，提出最后的预测意见。若这些意见基本一致，即可以此为根据进行预测。

德尔菲法采用匿名方式消除了专家易受他人影响的心理因素作用，从而专家可以做出独立客观分析判断；专家可以参考前一轮的反馈预测结果，修改完善自己的意见；预测过程几轮反馈，使专家的意见逐渐趋同；采用统计方法定量评价专家预测结果，预测结果较准确；不受地区、人员限制，用途广、费用低。采用德尔菲法要比一个专家的判断预测或一组专家开会讨论得出的预测方案准确一些，一般用于较长期的预测。

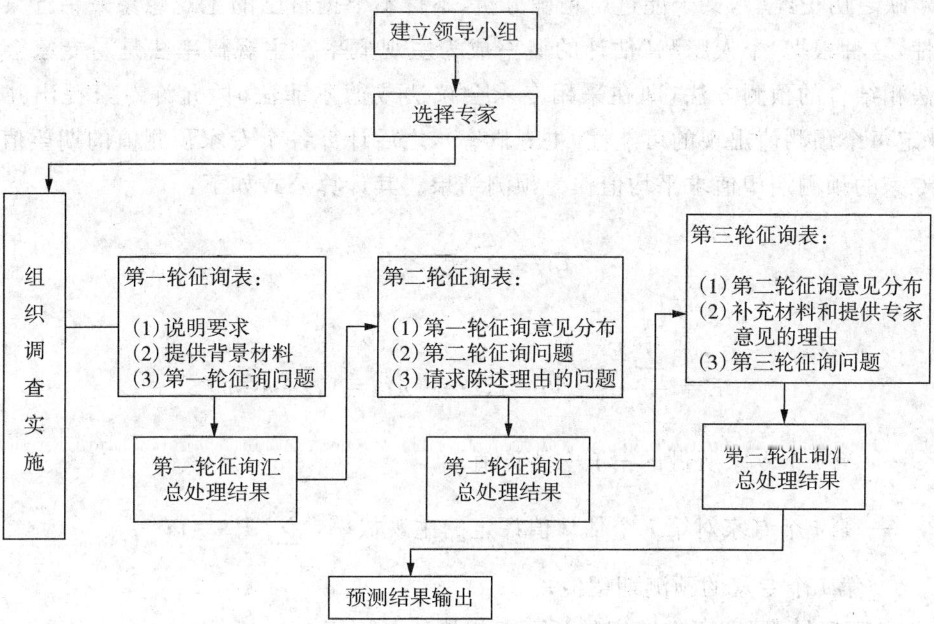

图 2-2　德菲尔法预测程序图

例 2-2　某建筑公司承建一栋商业大厦的主体结构工程施工任务，建筑面积为 16500m^2，工期为当年 1 月至次年 4 月。公司在施工之前将进行该工程的成本预测工作。试采用德尔菲法对未来建材价格的变化做出预测。

解：建材价格受到通货膨胀的影响，而且对基建规模的变化很敏感，很难用一个简单方便的数学模型来描述它。对于施工企业来说，预测材料价格变化的最好方法是采用德尔菲法。具体的做法是在每年年初或年末，采用德尔菲法预测未来 1～2 年的价格变动情况（通常是以上涨或下降的百分率表示）。

建筑公司由经营科组织专家调查，对未来一年内建材价格变化进行预测。选择的专家共10人,分别来自建筑行业的主管部门、建材业的主管部门及建材企业等。给专家发送的征询函的内容有:①征询的目的和要求,即要求专家预测未来一年建材价格平均变化率;②向专家提供一些必要的资料供预测时参考,主要有前五年的建材价格行情、基建规模、物价指数和建材供求情况。经过四轮征询,专家的意见集中在8.5%(2人)、9.5%(2人)、10%(2人)10.5%(2人)、11%(1人)和12%(1人)。

采取平均法求得预测值为:

$$\text{预计未来建材价格变动百分率} = (8.5\% \times 2 + 9.5\% \times 2 + 10\% \times 2 + 10.5\% \times 2 + 11\% \times 1 + 12\% \times 1)/10 = 10\%$$

二、主观概率法

由于缺乏历史经验,又未能进行精确分析,不得不根据自己的主观想象来估计某一事件的可能性,这种根据"个人臆测"估计的概率成为主观概率。主观概率法是与专家会议法或德尔菲法相结合的预测方法,即在采用专家会议法或德尔菲法时,允许专家提出几个预测值,并评定每个预测值出现的可能性(主观概率),之后计算各个专家预测值的期望值;最后,对所有专家的预测期望值求平均值作为预测结果。其计算公式如下:

$$E_i = \sum_{j=1}^{m} F_{ij} \cdot P_{ij} \qquad (2-1)$$

$$E = \frac{\sum_{i=1}^{m} E_i}{n} \quad (i=1,2\cdots\cdots n; j=1,2\cdots\cdots m) \qquad (2-2)$$

式中:F_{ij}——第i个专家所做的第j个估计值;

P_{ij}——第i个专家对第j个估计值评定的主观概率,$\sum_{j=1}^{m} P_{ij} = 1$;

E_i——第i个专家的预测期望值;

E——预测结果,即所有专家的预测期望值的平均值;

n——专家数;

m——允许每个专家做出的估计值的个数。

第三节　建设工程成本定量预测法

定量预测法是指根据历史资料以及成本与影响因素之间的数量关系,通过建立数学模型来预计推断未来成本的各种预测方法的统称。分为趋势预测法和因果预测法两类。

趋势预测法是按时间顺序排列有关的历史成本资料,运用一定的数学模型和方法进行加工计算并预测的各类方法，主要有简单平均法、加权平均法和指数平滑法等。因果预测法是根据成本与其相关因素之间的内在联系，建立数学模型并进行分析预测的各类方法，主要有回归分析法、高低点法、量本利分析法等。

一、移动平均法

移动平均法是对于有时间序列变化规律的事物，取时间序列中几个数据值的平均数，作为下期预测值。移动平均法可以分为简单移动平均法，加权移动平均法，趋势修正移动平均法和二次移动平均法。这里主要介绍简单移动平均法和加权移动平均法。

1. 简单移动平均法

简单移动平均法，又叫一次移动平均法，是在算术平均数的基础上，通过逐项分段移动，求得下一期的预测值。

$$M_t=\frac{Y_{t-1}+Y_{t-2}+\cdots+Y_{t-N}}{N} \tag{2-3}$$

式中：M_t——第 t 期的一次移动平均数，即代表第 t 期的预测值；

Y_t——第 t 期的实际数据；

N——分段数据点数或序时项数。

计算 M_t时，可采用递推算法。递推公式为：

$$M_t=M_{t-1}+\frac{Y_{t-1}-Y_{t-(N+1)}}{N} \tag{2-4}$$

公式 2-4 说明，在计算移动平均数时，只要在前一期移动平均数基础上，加上一个修正项，就可以求得所需要的移动平均数。

移动平均法的分段数据的项数(N)的选择是一个关键问题。如果 N 取得大，移动平均值对数列起伏变动的敏感性差，反映新水平的时间长，随着 N 值的增加，趋势线逐渐平稳，但其滞后现象也同时愈益显著，容易滞后于可能的发展趋势。如 N 值取得小，其灵敏度高，反映新水平的时间短，对于随机因素反应敏感，容易造成错觉，导致预测失误。

因此，在确定 N 时，要从以下几个方面考虑：

(1)处理的数据数次的多少。如数据项数多，N 可取得大些；

(2)对新数据适应程度的要求。N 取得小，对新数据反应灵敏，但反应过快，容易把意外情况错当为趋势。反映过慢，又缺乏适应性；

(3)考查时间序列的变动是否有明显的周期性波动。如有，应以其周期作为 N 可消除周期性波动，使移动平均序列反映长期趋势；

(4)凭长期积累的经验，决定 N 值大小。

例 2-3 假定某企业 1～6 月份成本资料见表 2-1，试用简单移动平均法预测 4～7 月的成本数据。

表 2-1 某企业产品 1～6 月产品成本

月份	实际成本/元	3 期简单移动平均预测值	变动趋势
1	270		
2	305		
3	295		
4	300	290	
5	325	300	300－290＝10
6	335	306.7	306.7－300＝6.7
7		320	320－306.7＝13.3

解：计算 $N=3$ 时的一次简单移动平均值

$$M_4=(270+305+295)\div 3=290\text{ 元}$$

$$M_5=(305+295+300)\div 3=300\text{ 元}$$

若在 M_4 基础上预测 M_5，则 $M_5=290+(300-270)\div 3=300$ 元

简单移动平均法会出现滞后偏差。如果近期内情况发展变化较快，利用移动平均法预测要通过较长时间才能反映出来，存在着滞后偏差。同时，一次移动平均法对分段内部的各数据同等对待，没有考虑时间先后对预测值的影响。实际上各个不同时间期的数据对预测值的影响是不一样的。越是接近预测期的数值，对预测值的影响就越大。

为了弥补这两个缺点，可以利用加权移动平均法、趋势修正移动平均法和二次移动平均法。

2. 加权移动平均法

加权移动平均法就是在计算移动平均数时，并不同等对待各时间序列的数据，而是给近期的数据以较大的比重，使其对移动平均数有较大的影响，从而使预测值更接近于实际。这种方法就是对每个时间序列的数据加上一个加权系数。其计算公式如下：

$$M_t=\frac{\alpha_1 Y_{t-1}+\alpha_2 Y_{t-2}+\cdots+\alpha_N Y_{t-N}}{N} \tag{2-5}$$

式中：M_t——第 t 期的加权移动平均数，即代表第 t 期的预测值；

Y_t——第 t 期的实际数据；

α_i——加权系数，$\frac{\sum \alpha_i}{N}=1$。

采用加权移动平均法进行预测的结果比一次移动平均法更能接近实际。越接近预测期的权数越大，对预测值的影响也越大。

例 2-4 假定某企业 1～6 月份成本资料见表 2-2，试用加权移动平均法预测 4～7 月的成本数据。

表 2-2 某企业产品 1～6 月产品成本

月份	实际成本/元	3 期加权移动平均预测值	变动趋势
1	270		
2	305		
3	295		
4	300	294.17	
5	325	299.17	299.17－294.17＝5
6	335	311.67	311.67－299.17＝2.5
7		325.83	325.83－311.67＝14.16

解:计算 $N=3$ 时的一次加权移动平均值

$$M_4=(270\times1+305\times2+295\times3)\div6=294.17\text{ 元}$$

$$M_5=((305\times1+295\times2+300\times3)\div6=299.17\text{ 元}$$

二、指数平滑法

指数平滑法也叫指数修正法，是一种简便易行的时间序列预测方法。它是在移动平均法基础上发展起来的一种预测方法，是移动平均法的改进形式。使用移动平均法有两个明显的缺点：一是它需要有大量的历史观察值的储备；二是要用时间序列中近期观察值的加权方法来解决，因为最近的观察中包含着最多的未来情况的信息，所以必须相对地比前期观察值赋予更大的权数。即对最近期的观察值应给予最大的权数，而对较远的观察值就给予递减的权数。指数平滑法就是既可以满足这样一种加权，又不需要大量历史观察值的一种新的移动平均预测法。指数平滑法又分为一次指数平滑法、二次指数平滑法和三次指数平滑法，这里主要介绍一次指数平滑法。

一次指数平滑法的基本公式：

$$S_t=\alpha Y_t+(1-\alpha)S_{t-1} \tag{2-6}$$

式中：S_t——第 t 期的一次指数平滑值，即代表第 $t+1$ 期的预测值；

Y_t——第 t 期的实际数据；

S_{t-1}——第 $t-1$ 期的一次指数平滑值，即代表第 t 期的预测值；

α——平滑系数，$0<\alpha<1$。

平滑系数 α 值实际上是上期观测值和本期观测值之间的权重。当 $\alpha=0$ 时，本期预测值等于上期预测值；当 $\alpha=1$ 时，本期预测值等于上期观测值；α 值越接近于 1，表明本期预测值越接近上期观测值；α 值越接近于 0，表明本期预测值就越接近上期的预测数。由此可见，α 值越大，则本期观测数据在预测值中的权重越大。α 取值的大小是影响预测效果的一个重要因素，要根据实际时间序列数据的特点和经验确定。如果观测数据的长期趋势比较稳定，应

取较小的 α 值（如 0.1～0.3）；如果观测数据具有迅速明显的变动趋向，则应取较大的 α 值（如 0.30～0.80）。

例 2-5 某企业在 2016 年 4 月的实际成本为 500 万元，3 月份对 4 月份预测的成本值为 480 万元，假定 $\alpha=0.3$，则 2016 年 5 月的成本预测值为：

$$M_5=0.3\times500+(1-0.3)\times480=486(\text{万元})$$

初始值 S_0 是由预测者估计或指定的。一般以序列起点 $t=0$ 以前所有历史数据的加权平均值作为初始值。一次指数平滑法适用于实际观测数据变动主要是水平变动，无明显的增长或下降趋势情况的预测。

三、回归预测法

前面的预测方法仅限于一个变量，或一种经济现象，而我们所遇到的实际问题，则往往是涉及几个变量或几种经济现象，并且要探索它们之间的相互关系。例如成本与价格及劳动生产率等都存在着数量上的一定相互关系。回归分析预测法是通过分析事物间的因果关系和相互影响的程度，在分析自变量和因变量之间相关关系的基础上，建立变量之间的回归方程计量预测模型，根据自变量在预测期的数量变化来预测因变量的预测的方法。在回归预测中，所选定的因变量是指需要求得预测值的那个变量，即预测对象。自变量则是影响预测对象变化的，与因变量有密切关系的那个或那些变量。

回归分析预测法按回归方程所含自变量的多少分为一元回归和多元回归类型；根据回归方程性质分为线性回归和非线性回归类型。

一元回归模型是根据某一因变量与一个自变量之间的相关关系建立的模型。多元回归模型是根据某一因变量与两个或两个以上自变量之间的相关关系建立的模型。在线性回归模型中，因变量与自变量之间呈线性关系；在非线性回归模型中，因变量与自变量之间呈非线性关系。

一元线性回归预测法是对两个具有线性关系的变量，建立线性回归模型，根据自变量的变动来预测因变量平均发展趋势的方法。一元线性回归预测法是回归分析预测法的基础，这里仅介绍一元线性回归预测方法。

1. 一元线性回归预测法的基本原理

一元线性回归预测法是根据历史数据在直角坐标系上描绘出相应点，再在各点间作一直线，使直线到各点的距离最小，即偏差平方和为最小。因而，这条直线就最能代表实际数据变化的趋势（或称倾向线），用这条直线适当延长来进行预测是合适的。

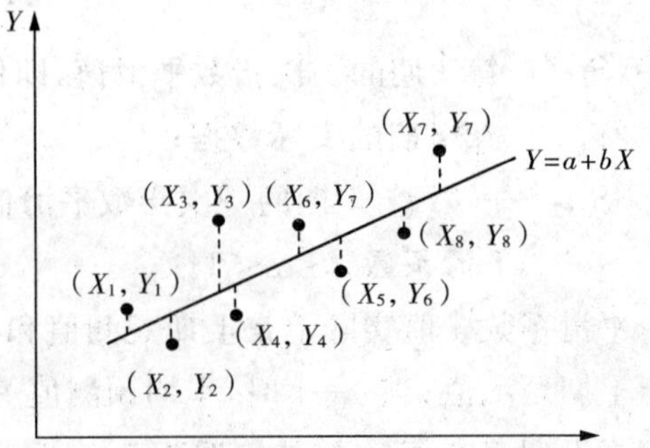

图 2-3　一元线性回归预测法的基本原理

从中看出，当 $X=O$ 时，$Y=a$ 是直线在 y 轴上的截距。y 是由 a 点起，随着 X 的变化开始演变的。a 是利用统计数据计算出来的经验常数，b 是直线的斜率，也是利用统计数据计算出来的经验常数。它用来表示自变量 X 与因变量 Y 的比例关系的。X 与 Y 这两个变量之间的关系，将在 a、b 这两个回归系数的范围内，进行有规律的演变。

一元线性回归分析法的基本公式为：

$$Y = a + bX \tag{2-7}$$

式中，X—— 自变量；

Y—— 因变量；

a、b—— 回归系数。

2. 一元线性回归分析法的思路及步骤

先根据 X、Y 两个变量的历史统计数据，把 X 与 Y 作为已知数，寻求合理的 a、b 回归系数，然后依据 a、b 回归系数来确定回归方程，这是运用回归分析法的基础；利用已求出的回归方程中 a、b 回归系数的经验值，把 a、b 作为已知数，根据具体条件，测算 Y 值随着 X 值的变化而呈现的未来演变，这是运用回归分析法的目的。

(1) 利用最小二乘法估计回归系数

最小二乘法的基本原则是对于确定的一元线性回归，使观测值与模型估计值的离差平方和为最小；观测值与模型估计值的离差总和为 0。即：

$$\sum (y_i - \bar{y}_i)^2 = \min \tag{2-8}$$

$$\sum (y_i - \hat{y}_i) = 0 \tag{2-9}$$

式中：y_i—— 原序列观测值；

$\hat{y}_i$—— 模型估计值。

根据最小二乘法的要求，记

$$Q = \sum (y_i - \hat{y}_i)^2 = \sum (y_i - a - bx_i)^2 \tag{2-10}$$

根据极值原理，Q 取极小值的必要条件是 Q 对 a、b 的两个一阶偏导数全为零。分别对 a 和 b 求偏导数，并令其等于零，有

$$\frac{\partial Q}{\partial a} = -2\sum (y_i - a - bx_i) = 0 \tag{2-11}$$

$$\frac{\partial Q}{\partial b} = -2\sum (y_i - a - bx_i)x_i = 0 \tag{2-12}$$

整理得

$$na + b\sum x_i = \sum y_i \tag{2-13}$$

$$a\sum x_i + b\sum x_i^2 = \sum x_i y_i \tag{2-14}$$

对上两等式联立求解,得到回归系数估计值为

$$\hat{b} = \frac{n\sum x_i y_i - \sum x_i \sum y_i}{n\sum x_i^2 - (\sum x_i)^2} \tag{2-15}$$

$$\hat{a} = \frac{\sum y_i}{n} - \hat{b}\,\frac{\sum x_i}{n} = \bar{y} - \hat{b}\bar{x} \tag{2-16}$$

式中:$\bar{x}$——x_i 的平均值;

$\bar{y}$——y_i 的平均值。

(2)回归系数检验

相关系数 R 用来衡量两个变量之间线性相关关系强弱程度的指标。相关系数有两种定义方法:

① 据总变差定义。

$$R = \sqrt{\frac{\sum (\hat{y}_i - \bar{y})^2}{\sum (y_i - \bar{y})^2}} = \sqrt{1 - \frac{\sum (y_i - \hat{y})^2}{\sum (y_i - \bar{y})^2}} \tag{2-17}$$

② 根据积差法定义。

$$R = \frac{\sum (x_i - \bar{x})(y_i - \bar{y})}{\sqrt{\sum (x_i - \bar{x})^2 \cdot \sum (y_i - \bar{y})^2}} \tag{2-18}$$

由于根据积差法定义的相关系数不需要先求回归模型的剩余变差,可以直接从样本数据中计算得到,所以在实际工作中得到广泛应用。用积差法计算相关系数计算量比较大,因此根据平均数的数学性质可将其简化为:

$$R = \frac{n\sum x_i y_i - \sum x_i \sum y_i}{\sqrt{n\sum x_i^2 - (\sum x_i)^2}\sqrt{n\sum y_i^2 - (\sum y_i)^2}} \tag{2-19}$$

R 取值范围为 $-1 \leqslant R \leqslant 1$,相关系数 R 的绝对值大小表示相关程度的高低。

当 $R=0$ 时,y 与 x 不相关;

当 $R=1$ 时,y 与 x 完全正相关;

当 $R=-1$ 时,y 与 x 完全负相关;

当 $0 < R < 1$ 时,y 与 x 正相关;

当 $-1 < R < 0$ 时,y 与 x 负相关。

R 的绝对值愈大,表示相关程度愈高。一般情况下,当 $R > 0.75$,y 与 x 高度相关;当 $R > 0.5$,y 与 x 相关。

例 2-6 某施工队 2016 年 3～9 月份成本核算资料如表 2-3 所示。如果 2016 年 10 月份和 11 月份预算成本分别为 20 万元和 30 万元，请分别预测 10 月、11 月的实际成本。

表 2-3 某施工队成本核算资料(万元)

月份	3	4	5	6	7	8	9	合计
预算成本(X)	17.9	14.2	21.9	26	33.5	38.5	30	$\sum X=182$
实际成本(Y)	19.8	17.4	22.2	24.5	28.9	32.3	27.1	$\sum Y=172.2$
X^2	320.41	201.64	479.61	676	1122.25	1482.25	900	$\sum X^2=5182.16$
XY	354.42	247.08	486.18	637	968.15	1243.55	813	$\sum XY=4749.38$

将表 2-3 的资料带入公式(2-15)、(2-16) 计算 a 和 b

$$\hat{b}=\frac{n\sum x_iy_i-\sum x_i\sum y_i}{n\sum x_i^2-(\sum x_i)^2}=\frac{7\times4749.38-182\times172.2}{7\times5182.16-182^2}\approx0.6$$

$$\hat{a}=\frac{\sum y_i}{n}-\hat{b}\frac{\sum x_i}{n}=\bar{y}-\hat{b}\bar{x}=\frac{172.2}{7}-0.6\times\frac{182}{7}=9$$

因此，回归方程为 $Y=9+0.6X$。

如果本年 10 月预算成本为 20 万元，即 $X=20$，则实际成本 $Y_{10}=9+0.6\times20=21$ 万元，实际成本比预算成本将超支 1 万元；如果本年 11 月预算成本为 30 万元，即 $X=30$，则实际成本 $Y_{11}=9+0.6\times30=27$ 万元，实际成本比预算成本将减少 3 万元。

四、高低点法

高低点法是成本预测的一种常用方法，是指以历史成本资料中产量最高和最低两个时期的成本数据为依据，借以推算成本的固定部分和变动部分，用来预测计划期内产量变化条件下的总成本水平。

其公式为：

$$Y=a+bX \tag{2-20}$$

$$\text{变动成本率 } b=\frac{Y_{高}-Y_{低}}{X_{高}-X_{低}} \tag{2-21}$$

$$a=Y_{高}-bX_{高}=Y_{低}-bX_{低} \tag{2-22}$$

式中：Y—— 总成本；

X—— 产品产量；

a—— 固定成本总额；

b—— 单位变动成本；

$Y_{高}$—— 表示最高点的成本；

$Y_{低}$—— 表示最低点的成本；

$X_{高}$—— 表示最高点产量；

$X_{低}$—— 表示最低点产量。

高点与低点的选择，既可以成本为依据，也可以产量为依据。确定最高点和最低点后，产量与成本必须是同一月份的数据。

例 2-7 某项目根据本企业同类项目的产值和成本历史统计数据见表 2-4，采用高低点法进行本项目成本的预测，该项目合同价为 2350 万元。

表 2-4 某项目同类项目的产值和历史成本统计表

期数	1	2	3	4	5
施工产值/万元	2230	2250	2300	2320	2500
总成本/万元	1750	1780	1850	1880	1950

解：根据公式(2-21)和(2-22)可得：

$$b=\frac{1950-1750}{2500-2230}=0.7407$$

$$a=1950-0.7407\times2500=98.25$$

从而总成本公式为：$Y=98.25+0.7407X$

该项目的预测成本为：$Y=98.25+0.7407\times2350=1838.895$(万元)

五、本量利分析法

本量利分析起源于 20 世纪 20 年代，早在 1904 年美国就已经出现了有关最原始的本量利分析图的文字记载。它由美国沃尔特和劳漆斯特劳赫在 20 世纪 30 年代创立。20 世纪 50 年代以后，本量利分析技术在西方会计实践中得到广泛应用，其理论日臻完善，成为现代管理会计学的重要组成部分。

80 年代初，我国引进了本量利分析理论。本量利分析打破了传统会计对成本、业务量、利润三者间关系的认识，开辟了一条崭新的分析思路，受到广大经营管理人员青睐。

目前，无论在西方还是我国，本量利分析的应用都十分广泛。

1. 本量利分析的含义

本量利分析(CVP 分析，Cost-Volume-Profit Analysis)，也称量本利分析，是成本一业务量(产量或销量)-利润关系分析的简称，是指在变动成本计算模式的基础上，以数学化的会计模型与图式来揭示固定成本、变动成本、销售量、单价、销售额、利润等变量之间的内在规律性联系，为预测、决策和规划提供必要的财务信息的一种定量分析方法。本质是研究产品数量、价格、成本和利润之间的相互依存关系。本量利分析法对确定预期的目标、制订产品或劳务的价格、确定成本结构、确定产品的最佳销量等方面意义重大。

2. 本量利分析的基本假设

在现实经济生活中，成本、销售数量、价格和利润之间的关系非常复杂。例如，成本与业务量之间可能呈线性关系也可能呈非线性关系；销售收入与销售量之间也不一定是线性关系，因为售价可能发生变动。为了建立本量利分析理论，必须对上述复杂的关系做一些基本假设，由此来严格限定本量利分析的范围，对于不符合这些基本假设的情况，可以进行本量利扩展分析。

(1)成本性态分析假设

假设所有的成本都已划分为固定成本和变动成本两大类，并建立了相应的成本模型，总成本＝固定成本＋变动成本。

(2)相关范围及线性假设

假设一定时期、一定产销范围内(即相关范围)，固定成本总额和单位变动成本保持不变，总成本函数为线性方程 $y=a+bx$；同时在相关范围内，单价保持不变，其销售收入函数也为线性方程 $y=px$。

(3)产销平衡和品种结构不变假设

假设在单一品种情况下，生产出来的产品总是可以销售出去的。在多品种情况下，不仅生产出来的产品可以销售出去，而且当销售额发生变化时，各种产品的销售额在全部产品总销售额中所占的比重不变。

(4)目标利润假设

本量利分析中所使用利润是指营业利润，不考虑投资收益和营业外收支等项目。利润总额＝销售收入－固定成本－变动成本。

3. 本量利分析的基本模型公式

利润＝销售收入－总成本

总成本＝固定成本＋变动成本＝固定成本＋单位变动成本×销售量

销售收入＝单价×销售量

利润＝单价×销售量－(单位变动成本×销售量＋固定成本)

＝销售量×(单价－单位变动成本)－固定成本

设某企业生产甲产品，本期固定成本总额为 C_1，单位售价为 P，单位变动成本为 C_2，销售量为 Q 单位，销售收入为 Y，总成本为 C，利润为 TP，则成本、收入、利润之间存在以下关系：

$$C=C_1+C_2\times Q \tag{2-23}$$

$$Y=P\times Q \tag{2-24}$$

$$TP=Y-C=PQ-(C_1+C_2\times Q)=(P-C_2)\times Q-C_1 \tag{2-25}$$

以纵轴表示收入或成本，以横轴表示销售量，建立坐标图，并分别在图上画出成本线和收入线，称之为盈亏分析图，如图 2-4 所示。

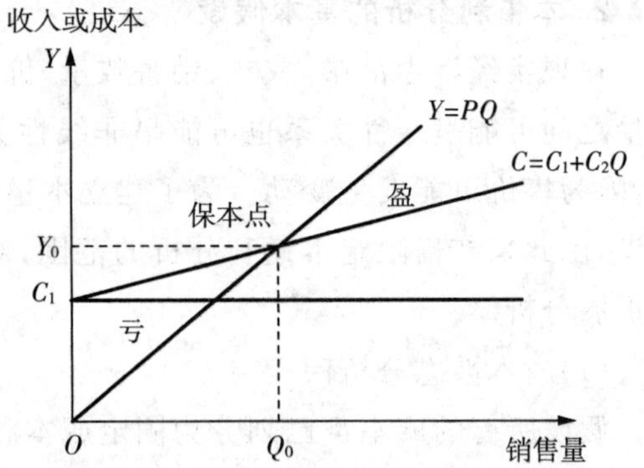

图 2-4 盈亏平衡分析图

图 2-4 可以清晰地显示企业盈亏平衡时应达到的产销量，故称为盈亏平衡图。从图 2-4 可以看出，销售收入线与总成本线的交点称为保本点、盈亏平衡点或损益平衡点(break-even point，BEP)。在该点上，企业产品收入与成本正好相等，既无利润，也没有发生亏损，即处于不亏不盈或损益平衡状态，也称为保本状态。该点所对应的产量称为企业盈亏平衡产量(BEPQ)。

4. 保本点的预测

保本点可以有多种表示方式，即可用产量、销售价格、销售收入和生产能力利用率等进行表示。保本销售量和保本销售收入，就是对应盈亏平衡点的销售量和销售收入的值，分别以 Q_0、Y_0 表示。

(1)保本点的销售量

在保本状态下，销售收入与总成本相等，利润为零，即：

$$P\times Q_0=C_1+C_2\times Q_0 \tag{2-26}$$

$$\text{因此 } Q_0=\frac{C_1}{P-C_2} \tag{2-27}$$

$$\text{保本量}=\frac{\text{固定成本}}{\text{单位产品售价}-\text{单位产品变动成本}}$$

(2)保本点的销售收入

$$Y_0=P\times Q_0=\frac{PC_1}{P-C_2}=\frac{C_1}{(P-C_2)/P} \tag{2-28}$$

式中，$P-C_2$ 称为单位边际利润，$(P-C_2)/P$ 称为单位边际利润率。

$$\text{保本销售收入}=\frac{\text{单位产品售价}\times\text{固定成本}}{\text{单位产品售价}-\text{单位产品变动成本}}$$

5. 建设工程本量利分析

(1)建设工程本、量、价格的确定

建设工程成本管理中，本量利分析的量不是一般意义上单件工业产品的生产数量或销售数量，而是一个建设工程的建筑面积或建筑体积(S)。

要在施工项目成本管理中应用本量利分析法，首先应把工程成本按是否随工程规模大小而变化划分为固定成本(C_1)和变动成本(C_2，这里指单位变动成本)。确定 C_1 和 C_2 往往比较困难，这是由于变动成本变化幅度较大，而且历史资料的计算口径不同。一个简便而实用的方法是建立以 S 为自变量，C（总成本）为因变量的回归方程（$C_1+C_2\times S$），通过历史工程成本数据资料，用最小二乘法计算回归系数 C_1 和 C_2。

不同的工程项目其单位价格是不相同的，但在相同的建设期间，同结构类型的项目的单位价格则是基本接近的。因此，建设工程成本管理本量利分析中可以按工程结构类型建立相应的盈亏分析图和量本利分析模型。某种结构类型项目的单位价格可按实际历史数据资料计算，并按物价上涨指数进行修正。

(2)建设工程本量利分析图

假设项目的建设面积（或体积）为 S，合同单位销售价为 P，施工项目的固定成本为 C_1，单位变动成本 C_2，项目合同总价为 K，项目总成本为 C，则量本利盈亏分析如图 2-5 所示。

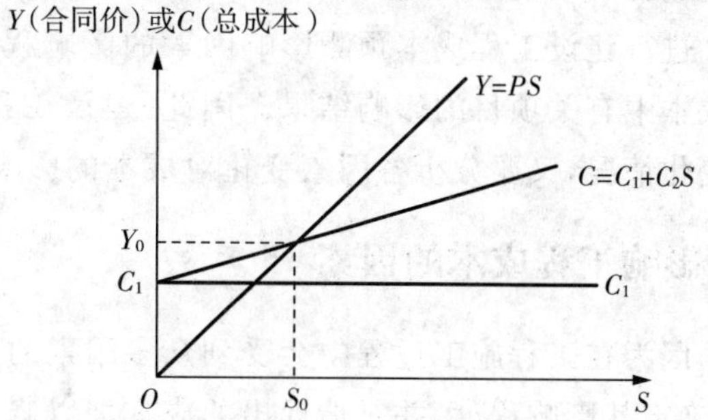

图 2-5　建设工程盈亏平衡分析图

项目保本规模

$$S_0=C_1/(P-C_2) \tag{2-29}$$

项目保本合同价

$$Y_0=P\times C_1/(P-C_2) \tag{2-30}$$

例 2-8　某建筑公司施工的砖混结构工程的量本利分析模型：$C_1=158266$ 元，$C_2=320$ 元/m^2，当时的砖混结构工程的合同价为 540 元/m^2。据此对该建筑公司施工的砖混结构工程进行本量利分析。

解：项目的保本规模为 $S_0=C_1/(P-C_2)=158266/(540-320)=719.39m^2$

项目保本合同价为 $Y_0=P\times C_1/(P-C_2)=540\times 719.39=388470.6$ 元

由以上保本点的计算可知，该建筑公司承建的砖混结构工程项目的建筑面积不能低于 719.39m^2，或者其合同价不能低于 388470.6 元，否则不宜承担该项目的施工。如果承担施工，则会亏本。

若现承建某砖混结构工程的施工项目，建筑面积为 1000m^2，通过本量利分析模型，可估算总成本。

总成本(C)$=158266+320\times 1000=478266$(元)

可达到的投标总价(Y)$=540\times 1000=540000$(元)

则可达到的利润(TP)$=540000-478266=61734$(元)

第四节 建设工程成本预测的因素分析

建设工程成本预测影响因素分析旨在揭示未来建设工程成本各种影响因素变化引起的建设工程成本的不确定性。

进行建设工程成本预测影响因素的影响程度分析就是预测各因素的变化情况，计算其对成本中有关项目的影响结果。因此，建设工程成本预测影响因素的分析既要预测各因素的变化情况，又要分析各因素变化对成本的影响程度。

一、影响工程成本的因素

因为在工程施工过程中会受到众多因素的干扰，因此，必须分析对象工程成本的影响因素，确定其影响程度，并对估计出的成本加以修正，使其与实际成本更加接近，在建设工程成本管理中发挥应有的作用。

在工程施工过程中，影响工程成本的主要因素可以概括为以下 6 个方面：

1. 材料消耗定额

这里的材料包括燃料、动力等。由于采用新材料或材料代用，引起材料消耗的降低，或者采用新工艺、新技术或新设备，降低了材料必要的工艺性损耗，以及对象工程与类似工程材料级别不同时，消耗定额和单价之差引起的综合影响等都会影响工程成本。

2. 物价

工程成本的变化最重要的一个影响因素是物价的变化，特别是材料价格的变化。有些工程成本超支的主要原因就是由于物价大幅度上涨，实行固定总价合同的工程往往会因此而亏本。

3. 劳动力工资

劳动力工资(包括奖金、附加工资等)的增长不可避免地使得工程成本增加，其中包括由于工期紧迫而增加的加班工资。

4. 劳动生产率

一方面，可能由于工人素质的提高或者是采用新工艺，提高了劳动生产率，节省了施工总工时数，从而降低了人工费用；另一方面，可能由于工程所在地地理位置和气候环境的影响，或施工班组工人素质与类似工程相比较低，使劳动生产率下降，从而增加了施工总工时数和人工费用。

5. 企业管理费用

企业管理费用是项目管理人员及企业各职能部门在该项目上所发生的全部费用。这部分费用在不同工程之间也会不同。如工程规模不同，施工项目的管理人员人数就不同，其管理人员工资、奖金以及职工福利费等也都有差别。

以上这些因素的变化对于具体的工程来说，不一定都发生，不同的工程情况也不会相同。例如，在一个时期内材料价格上涨，而在另一个时期内材料价格会下降。分别处于这两个不同时期的工程，成本因材料价格的变化就会向相反方向变化。因此，在确定影响成本因素对成本影响程度之前，首先要分析预测影响该工程的因素是哪些。预测影响成本因素主要采用定性预测方法。

二、预测各因素的变化情况

各因素变化情况预测方法的选择，应根据各因素的性质、历史工程资料情况以及适应及时性的要求进行。一般来讲，各因素适用的预测方法如下：

(1)预测材料消耗定额变化，适用经验估计方法和时间序列分析法。

(2)预测物价变化，适用时间序列分析法、回归分析法和专家调查法。

(3)预测劳动力工资变化，适用时间序列分析法和专家调查法。

(4)预测劳动生产率变化，适用时间序列分析法和经验估计法。

(5)预测企业管理费用变化，适用经验估计法和回归预测法。

例 2－9 某建筑公司承建位于某市的写字楼的主体结构工程(框剪结构)的施工任务，建筑面积 12000m^2，共 24 层，工期为 2000 年 1 月至 2002 年 1 月，公司在施工之前预测影响该工程主体结构施工的成本水平的因素，并进行该工程的成本预测工作。

经调查，该公司在该地区的近期类似项目是外形仿古建筑内部框剪结构的某饭店工程，其主体结构工程施工成本为 450 元/m^2。

解：该公司组织本公司的专业人员对写字楼工程成本的影响因素预测结果见表 2－5。

表 2－5　写字楼工程成本的影响因素预测结果表

序号	主要因素	影响的成本项目
1	材料价格上涨	材料费
2	劳动力工资上涨	人工费
3	劳动生产率提高	人工费
4	企业管理费用减少	企业管理费

该公司在写字楼工程上利用上述方法预测了主要因素的变化范围(见表 2－6)。

表 2－6　写字楼工程主要因素的变化范围表

序号	主要因素	变化范围	影响的成本项目
1	材料价格上涨	10%	材料费
2	劳动力工资上涨	20%	人工费
3	劳动生产率提高	5%	人工费
4	企业管理费用减少	6%	企业管理费

三、计算各因素对成本的影响程度

各因素对成本的影响程度分别用以下公式计算：

$$\text{材料消耗定额变化而引导起的成本变化率}(\gamma_1)=\text{材料费占成本的百分比}\times\text{材料的消耗定额变化的百分比}$$

$$\text{材料价格变化而引导起的成本变化率}(\gamma_2)=\text{材料费占成本的百分比}\times\left(1-\text{材料的消耗定额变化的百分比}\right)\times\text{材料平均价格变化}$$

$$\text{劳动生产率变化而引导起的成本变化率}(\gamma_3)=\text{人工费占成本的百分比}\times\left[1/\left(1+\text{劳动生产率变化的百分比}\right)-1\right]$$

$$\text{劳动力工资增长而引导起的成本变化率}(\gamma_4)=\text{人工费占成本的百分比}\times\text{平均工资增长的百分比}/\left(1+\text{劳动生产率变化的百分比}\right)$$

$$\text{企业管理费变化而引导起的成本变化率}(\gamma_6)=\text{企业管理费占成本的百分比}\times\text{企业管理费变化的百分比}$$

例 2-10 以例题 2-9 为例来计算写字楼工程的各主要因素对施工成本的影响程度。

解:该公司对写字楼工程所确定的主要因素引起成本的变化计算如下：

首先,计算成本构成项目在成本中所占的比率。计算方法有两种,一是采用参照工程的成本构成比率;二是采用历史同类工程的成本构成比率进行统计平均。该公司根据历史资料计算出框剪结构工程的成本比率见表 2-7。

表 2-7 框剪结构改成的成本构成比率表

序号	成本项目	构成比率(%)
1	人工费	17
2	材料费	52
3	施工机具使用费	9
4	企业管理费	13
5	其他费用	9

计算主要因素对成本的影响程度,改公式的写字楼工程的计算结果见表 2-8。

表 2-8 写字楼工程主要因素对成本影响的程度表

序号	主要因素	变化范围(%)	影响成本的项目(占成本的比率,%)	计算式(对成本的影响程度)	结果
1	材料价格上涨	10	材料费(52)	$\gamma_2=52\%\times(1-0\%)\times10\%$	0.052
2	劳动力工资上涨	20	人工费(17)	$\gamma_4=17\%\times20\%\div(1+5\%)$	0.0323
3	劳动生产率提高	5	人工费(17)	$\gamma_3=17\%\times[1\div(1+5\%)-1]$	−0.0081
4	企业管理费用减少	6	企业管理费(13)	$\gamma6=13\%\times6\%$	0.0078

本章小结

本章介绍了建设工程成本预测的概念、作用和程序，建设工程成本预测主要有定性预测和定量预测两种方法，定性预测主要采用的是经验判断法和主观概率法，而定量预测主要采用的是移动平均法、指数平滑法、回归预测法、高低点法和本量利分析法。本章还详细介绍了建设工程成本预测的因素分析。

复习思考题

1. 案例分析题

某建筑公司承建一座商住两用楼的主体结构工程(以下简称A工程)的施工任务，拟建A工程的建筑面积为20000m^2，框剪结构，共28层，工期从2015年5月至2016年9月。公司为对A工程进行成本预测，收集了该地区大量已完工项目资料，发现有一项四年前竣工的外形仿古饭店工程的主体工程(以下简称B工程)与A工程非常类似，其完工时主体结构工程施工成本为1100元/m^2。公司领导决定通过B工程的成本支出情况来预测A工程可能花费的成本，并组织公司的专业人员对A、B两个工程的建筑结构差异以及影响成本的因素进行分析，发现：

(1)A、B两个工程之间的主要差异在于两方面，一是B工程采用的是木窗(130元/m^2)，而A工程是塑钢窗(700元/m^2)；二是B工程房屋是仿古歇山形屋顶(投影面积成本为800元/m^2)，而A工程是钢筋混凝土屋顶(成本为90元/m^2)。A工程的铝合金窗总面积为2500m^2，屋顶面积为450m^2；(2)影响A工程成本变动的主要因素是材料价格上涨20%，劳动力工资上涨10%，劳动生产率提高5%，以及间接费减少5%。另外，公司通过参照工程成本构成比率以及历史同类工程的成本构成比率，确定该工程的成本构成比率见表2-9。

表2-9 成本构成比率表

序号	成本项目	构成比率(%)
1	人工费	15
2	材料费	60
3	施工机具使用费	8
4	企业管理费	8
5	其他费用	9

通过上述资料，试预测该主体结构工程(A工程)的成本。

第三章 建设工程成本计划

【学习重点与目标】

1. 掌握建设工程项目成本计划的内涵；
2. 熟悉建设工程项目成本的分类及不同分类的作用；
3. 掌握工程项目成本计划的编制方式和方法；
4. 熟悉工程项目成本计划的编制内容。

第一节 建设工程成本计划概述

一、建设工程项目成本计划的内涵

建设工程项目成本计划是以货币形式编制工程项目在计划施工期内的生产费用、成本水平、成本降低率以及为降低成本所采取的主要措施和规划的书面方案。工程成本计划是建立工程项目成本管理责任制、开展成本控制和成本核算的基础，是工程项目降低成本的指导文件，是设立目标成本的依据。

建设工程项目成本计划必须反映以下内容：

(1)合同规定的工程项目质量和工期要求；

(2)组织对工程项目成本管理目标的要求；

(3)以经济合理的工程项目实施方案为基础的要求；

(4)有关定额及市场价格的要求；

(5)类似工程项目成本指标提供的资料等。

工程成本计划是工程项目全面计划管理的核心。其内容涉及工程项目范围内的人、财、物和工程项目管理职能部门等方方面面，是受企业成本计划制约而又相对独立的计划体系，并且，工程成本计划的实现又依赖于项目组织对生产要素的有效控制。工程项目作为基本的成本核算单位，就更加有利于工程项目成本计划管理体制的改革和完善，更有利于解决传统体制下施工预算与计划成本、施工组织设计与工程项目成本计划相互脱节的问题，为改革施工组织设计，创立新的成本计划体系，提供了有利条件和环境。改革、创新的主要措施，就是将编制工程项目质量手册、施工组织设计、施工预算或工程项目计划成本、工程项目成本计划有机结合，形成新的工程项目计划体系，将工期、质量、安全和成本目标高度统一，形成以工程项目质量管理为核心。以施工网络计划和成本计划为主导，以人工、材料、机械设备和施工准备工作计划为支持的工程项目计划体系。

二、建设工程项目成本计划的编制依据

项目经理部主要依据下列文件编制工程成本计划：

(1)合同文件；

(2)工程项目实施计划；

(3)工程项目设计文件；

(4)工程市场价格信息；

(5)相关定额；

(6)类似工程项目的成本资料。

同时，编制工程成本计划应满足以下 3 个条件：

(1)由项目经理部负责编制，报企业管理层批准；

(2)自下而上分级编制并逐层汇总；

(3)反映各成本项目指标和降低成本指标。

三、建设工程项目成本计划的编制原则

建设工程项目成本计划的编制是工程项目成本预控的重要手段。为了充分发挥成本计划的作用，在编制成本计划时，必须遵循以下原则。

1. 合法性原则

编制成本计划时，必须严格遵守国家的有关法令、政策及财务制度的规定，严格遵守成本开支范围和各项费用开支标准。

2. 先进可行性原则

成本计划既要保持先进性，又必须现实可行。否则，就可能会因计划指标过高或过低而使之失去应有的作用。这就要求编制成本计划必须以各种先进的技术经济定额为依据，并针对工程的具体特点，采取切实可行的技术组织措施作保证。

3. 弹性原则

编制成本计划，应留有充分余地，保持计划具有一定的弹性。

4. 可比性原则

成本计划应与实际成本、前期成本保持可比性。为了保证成本计划的可比性，在编制计划时应注意所采用的计算方法，应与成本核算方法保持一致。

5. 统一领导、分级管理原则

应在工程项目经理的领导下，以财物和计划部门为中心，发动全体职工总结降低成本的

经验,找出降低成本的正确途径,使成本计划的制订和执行具有广泛的群众基础。

6. 从实际情况出发的原则

编制成本计划充分挖掘企业内部潜力,使降低成本指标既积极可靠,又切实可行。正确选择施工方案,合理组织施工,提高劳动生产率,改善材料供应,降低材料消耗,提高机械设备利用率,节约施工管理费用等。

7. 与其他计划结合的原则

成本计划必须与工程的其他各项计划如施工方案、生产进度、财务计划、资料供应及耗费计划等密切结合,保持平衡。

四、编制工程成本计划的作用

工程成本计划是工程项目成本控制的一个重要环节,是实现降低施工成本任务的指导性文件。如果针对工程项目所编制的成本计划达不到目标成本要求时,就必须组织工程项目经理部的有关人员重新研究寻找降低成本的途径,重新进行编制。同时,编制成本计划的过程也是动员全体施工项目管理人员的过程,是挖掘降低成本潜力的过程,是检验施工技术质量管理、工期管理、物资消耗和劳动力消耗管理等是否落实的过程。

1. 其是对生产耗费进行控制、分析和考核的重要依据

工程成本计划体现了社会主义市场经济体制下,对成本核算单位降低成本的客观要求,也反映了核算单位降低产品成本的目标。工程成本计划可作为对生产耗费进行事前预计、事中检查控制和事后考核评价的重要依据。许多施工单位仅单纯重视工程项目成本管理的事中控制及事后考核,却忽视甚至省略了至关重要的事前计划,使得成本管理从一开始就缺乏目标,对于控制考核,也无从对比,产生很大的盲目性。工程成本计划一经确定,就应层层落实到部门、班组,并应经常将实际生产耗费与成本计划指标进行对比分析,揭露执行过程中存在的问题,及时采取措施,改进和完善成本管理工作,以保证工程成本计划各项指标得以实现。

2. 其是编制其他有关生产经营计划的基础

每一个工程都有着一个完整的工程项目计划体系。在这个体系中,成本计划与其他各方面的计划有着密切的联系。它们既相互独立,又起着相互依存和相互制约的作用。如编制工程项目流动资金计划、利润计划等都需要成本计划的资料,同时,成本计划也需要以施工方案、物资与价格计划等为基础。因此,正确编制工程成本计划,是综合平衡工程项目的生产经营的重要保证。

3. 其可以动员全体职工深入开展增产节约、降低产品成本的活动

工程成本计划是全体员工共同奋斗的目标。为了保证成本计划的实现,企业必须加强成本管理责任制,把成本计划的各项指标进行分解,落实到各部门、班组乃至个人,实行归口管理,并做到责、权、利相结合,检查评比和奖励惩罚有根有据。使开展增产节约、降低产品成本、执行和完成各项成本计划指标,成为上下一致、左右协调、人人自觉努力完成的共同行动。

第二节　建设工程成本计划的编制程序及方法

一、建设工程项目成本计划的编制程序

编制工程成本计划的程序，因工程项目的规模大小、管理要求不同而不同。大、中型工程项目一般采用分级编制的方式，即先由项目经理部下属各职能部门提出部门成本计划，再由项目经理部汇总编制工程项目成本计划；小型项目一般采用集中编制方式，即由项目经理部先编制下属各部门成本计划，再汇总编制工程项目成本计划。无论采用哪种方式，其编制的基本程序如下。

1. 搜集和整理资料

广泛搜集资料并进行归纳整理是编制成本计划的必要步骤。所需搜集的资料主要包括以下几类：

(1)国家和上级部门有关编制成本计划的规定；

(2)项目经理部与企业签订的承包合同及企业下达的成本降低额、降低率和其他有关技术经济指标；

(3)有关成本预测、决策的资料；

(4)施工项目的施工图预算、施工预算；

(5)施工组织设计；

(6)施工项目使用的机械设备生产能力及其利用情况；

(7)施工项目的材料消耗、物资供应、劳动工资及劳动效率等计划资料；

(8)计划期内的物资消耗定额、劳动工时定额、费用定额等资料；

(9)以往同类项目的成本计划的实际执行情况及有关技术经济指标完成情况的分析资料；

(10)同行业同类项目的成本、定额、技术经济指标资料及增产节约的经验和有效措施；

(11)本企业的历史先进水平和当时的先进经验及采取的措施；

(12)国外同类项目的先进成本水平情况等资料。

此外，还应深入分析当前情况和未来的发展趋势，了解影响成本升降的各种有利和不利因素，研究如何克服不利因素和降低成本的具体措施，为编制工程成本计划提供丰富、具体、可靠的成本资料。

2. 确定工程项目目标成本

财务部门在掌握了丰富的资料之后，加以整理分析，特别是在对前期成本计划完成情况进行分析的基础上，根据有关的设计、施工等计划，按照工程项目应投入的物资、材料、劳动力、机械、能源及各种设施等等，结合计划期内各种因素的变化和准各采取的各种增产节约措施，进行反复测算、修订、平衡后，估算生产费用支出的总水平，进而提出全项目的成本计

划控制指标，最终确定目标成本。

目标成本是项目经理部或企业对未来时期产品成本所规定的奋斗目标，它比已经达到的实际成本要低，但又是经过努力可以达到的成本目标。目标成本管理是现代化企业经营管理的重要组成部分，是市场竞争的需要，是企业挖掘内部潜力，不断降低产品成本，提高企业整体工作质量的需要，是衡量企业实际成本节约或超支，考核企业在一定时期内成本管理水平高低的依据。

工程目标成本有很多形式，可能以工程项目的计划成本、定额成本或标准成本作为目标成本，它随成本计划编制方法的不同而表现为不同的形式。一般而言，工程目标成本的计算公式为：

$$工程目标成本=预计工程结算收入-税金-工程目标利润$$

$$目标成本降低率=\frac{目标成本降低额}{项目预算成本}\times 100\%$$

$$目标成本降低额=工程预算成本-工程目标成本$$

确定目标成本以及把总的目标分解落实到个相关部门、班组大多采用工作分解法。工作分解法又称建设工程项目结构分解，简称为WBS(work breakdown structure)，其特点是以施工图设计为基础，以本企业做出的项目施工组织设计及技术方案为依据，以实际价格和计划的物资、材料、人工、机械等消耗量为基准，估算工程项目的实际成本费用，据以确定成本目标。

根据工程分解法对目标成本进行分解，如图3-1所示。利用上述WBS系统在进行成本估算时，工作划分得越细、越具体，价格的确定和工程量估计越容易，工作分解自上而下逐级展开，成本估算自下而上，将各级成本估算逐级累加，便得到整个工程项目的成本估算。在此基础上分级分类计算的工程成本，既是投标报价的基础，又是成本控制的依据，也是和建设单位工程项目预算作比较和进行盈利水平估计的基础。成本估算的公式如下。

$$估算成本=可确定单位的数量\times 历史基础成本\times 现在市场因素系\times 将来物价上涨系数$$

式中：可确定单位的数最是指钢材吨数、木材的立方米数、人工的工时数等等；历史基础成本是指基准年的单位成本；现在市场因素系数是指从基准年到现在的物价上涨指数。

3. 编制工程成本计划草案

对大、中型项目，经项目经理部批准下达成本计划指标后，各职能部门应充分发动员工进行认真的讨论，在总结上期成本计划完成情况的基础上，结合本期计划指标，找出完成本期成本计划的有利和不利因素，提出挖掘潜力、克服不利因素的具体措施，以保证成本计划任务的完成。为了使指标真正落实，各部门应尽可能将指标分解落实下达到各班组及个人，使得目标成本的降低额和降低率得到充分讨论、反馈、再修订，使成本计划既能够切合实际，又成为员工共同奋斗的目标。各职能部门也应认真讨论项目经理部下达的费用控制指标，拟定具体实施的技术经济措施方案，编制各部门的费用预算。

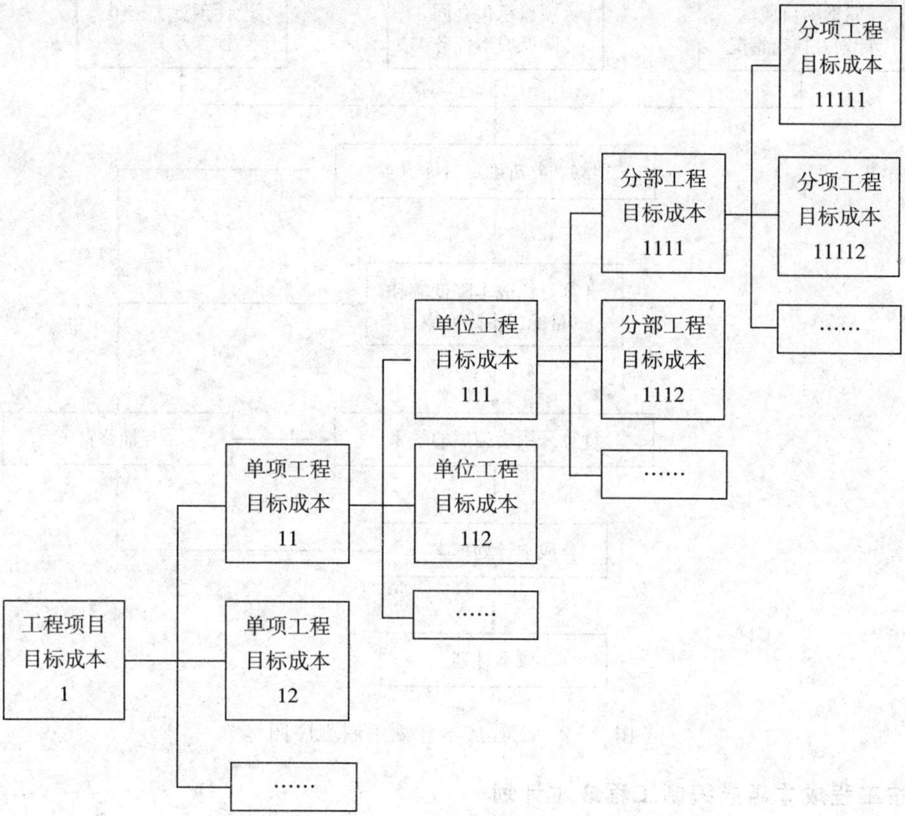

图 3-1　建设工程项目目标成本分解示意图(WBS)

4. 综合平衡,编制工程成本计划

在各职能部门上报了部门成本计划和费用预算后,项目经理部首先应结合各项技术经济措施,检查各计划和费用预算是否合理可行,并进行综合平衡,使各部门计划和费用预算之间相互协调、衔接。其次,要从全局出发,在保证企业下达的成本降低任务或本项目目标成本实现的情况下,以生产计划为中心,分析研究工程成本计划与生产计划、劳动工时计划、材料成本与物资供应计划、工资成本与工资基金计划、资金计划等的相互协调平衡。经反复讨论、多次综合平衡,最后确定的工程成本计划指标,即可作为编制工程成本计划的依据,项目经理部正式编制完成的工程成本计划,上报企业有关部门后即可正式下达至各职能部门执行。

上述工程成本计划的编制程序如图 3-2 所示。

二、建设工程项目成本计划的编制方式

工程成本计划的编制方式包括:按工程成本组成编制的工程成本计划,按项目组成编制的工程成本计划,按施工进度编制的工程成本计划。

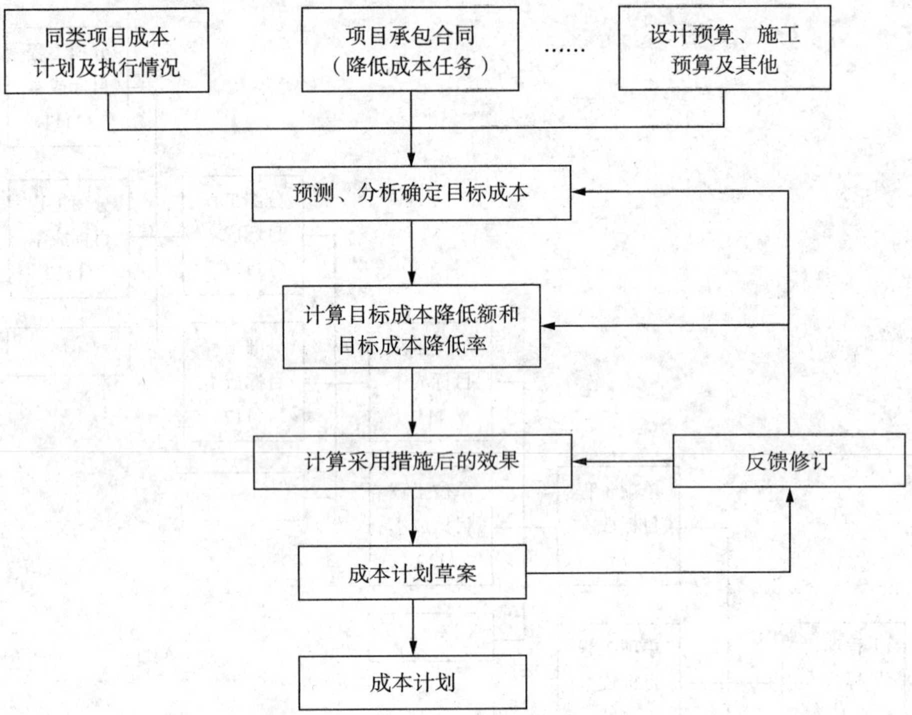

图 3－2　工程成本计划编制程序图

1. 按工程成本组成编制工程成本计划

工程成本可以按成本组成分为人工费、材料费、施工机具使用费、企业管理费、规费和税金，如图 3－3 所示。

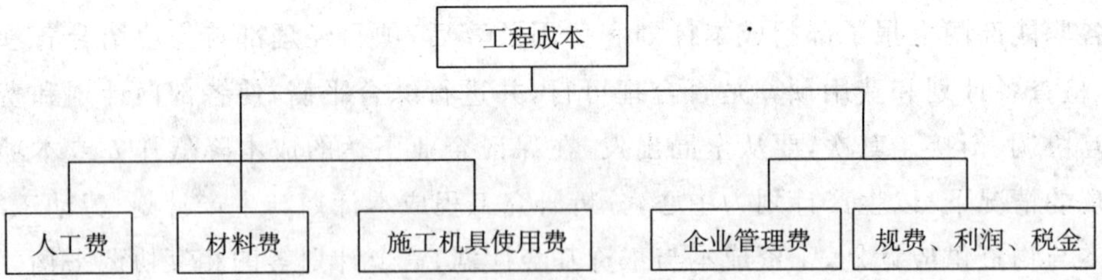

图 3－3　按工程成本组成分解工程成本

2. 按项目组成编制施工成本计划

大、中型工程项目通常是由若干单项工程构成的，而每个单项工程包括多个单位工程，每个单位工程又是由若干个分部分项工程所构成。因此，首先要把项目总施工成本分解到单项工程和单位工程中，再进一步分解为分部工程和分项工程，如图 3－4 所示。

在完成工程项目成本目标分解之后，接下来就要具体地分配成本，编制分项工程的成本支出计划，从而得到详细的成本计划表。

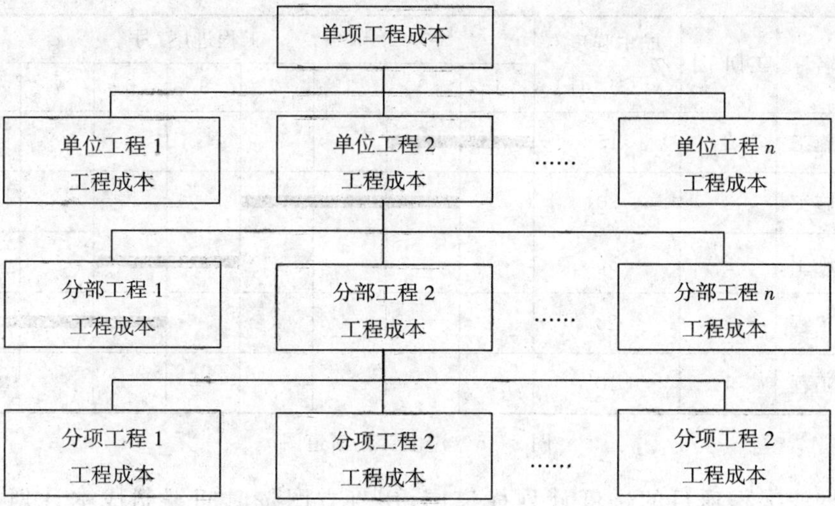

图 3-4　按项目组成分解工程成本

在编制成本计划时，要就整个工程项目考虑预备费，也要在主要的分项工程中安排适当的不可预见费，避免在具体编制成本计划时，可能发现个别单位工程或工程量表中某项内容的工程量计算有较大出入，使原来的成本预算失实，并在项目实施过程中对其尽可能地采取一些措施。

3. 按施工进度编制工程成本计划

按施工进度编制工程成本计划，通常可利用工程项目进度计划进一步扩充而得。即在建立工程项目的横道图或时标网络图时，一方面确定完成各项工作所需花费的时间；另一方面同时确定完成这一工作的成本计划。其表示方式有两种：一种是依据进度计划横道图（图 3-5）或时标网络图、借助直方图表示的成本计划（图 3-6）；另一种是利用“S”形曲线（又称成长曲线、时间一成本累积曲线）表示（图 3-7）。

例 3-1　已知某工程项目的基础数据资料见表 3-2，分别用直方图和“S”形曲线表示该项目的成本计划。

表 3-2　工程项目基础数据资料

编码	项目名称	最早开工时间	工期/月	成本强度/(万元/月)
1	基础施工	1	2	15
2	主体施工	2	3	30
3	屋面施工	5	2	30
4	装饰工程	6	3	20
5	零星工程	8	2	10

解:(1)确定该工程项目的进度计划,编制进度计划的横道图,如图 3-5 所示。

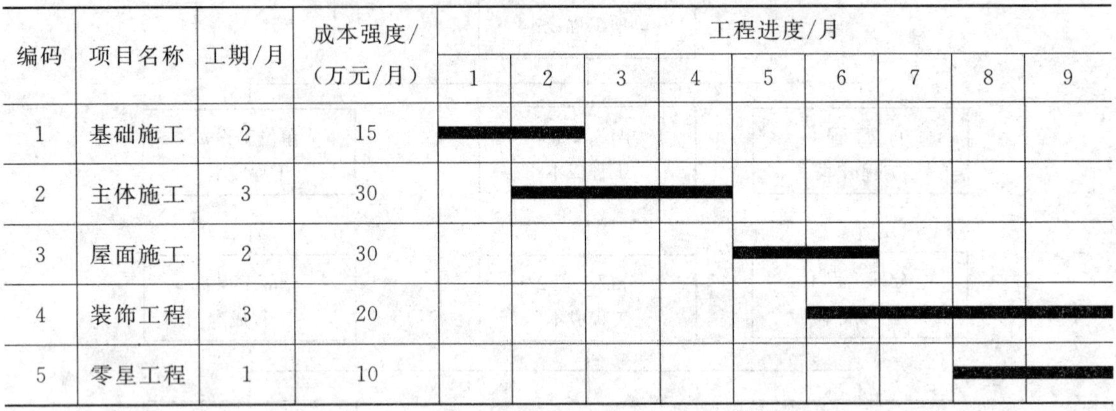

图 3-5　进度计划横道图

(2)根据该工程项目的进度计划横道图,用直方图按时间编制成本计划,如图 3-6 所示。

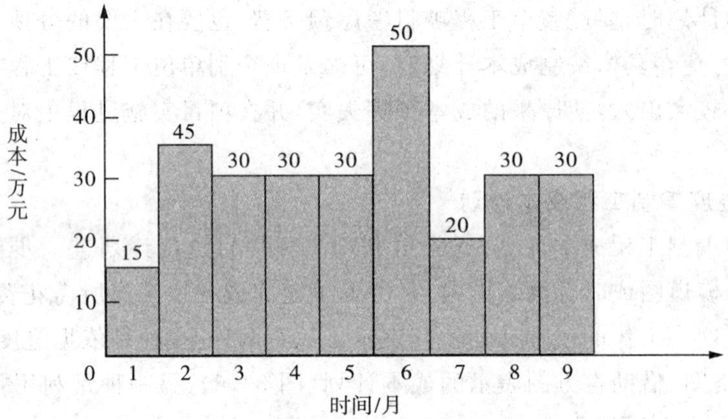

图 3-6　成本计划直方图

(3)计算时间 t 的累计成本支出额。其计算方法为:时间 t 以内各个单位时间计划完成的成本额的累加求和,计算等式为:

$$Q_t = \sum_{n=1}^{t} q_n$$

上式中:Q_t 为某时间 t 以内计划成本累计额;

q_n 为单位时间 n 的成本计划额;

t 为某规定计划时间。

根据上述公式,可得如下结果:

$Q_1=15, Q_2=60, Q_3=90, Q_4=120, Q_5=150, Q_6=200, Q_7=220, Q_8=250, Q_9=280$。

(4)绘制“S”形成本曲线图，如图 3－7 所示。

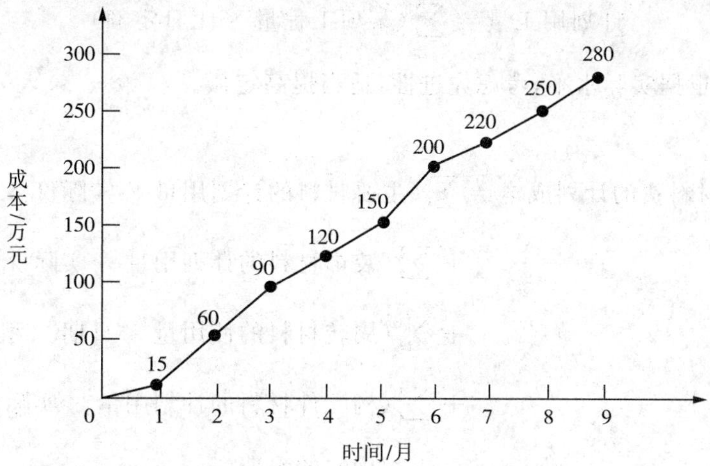

图 3－7　成本计划“S”形曲线图

三、建设工程项目成本计划的编制方法

编制工程成本计划的关键是确定目标成本，成本目标通常以项目成本总降低额和降低率来定量的表示。

常见的工程成本计划的编制方法主要有以下几种：

1. 定额估算法

适用范围：概、预算编制力量较强，定额比较完备的情况，施工图预算和施工预算编制经验比较丰富的施工企业。

应用定额估算法编制施工项目成本计划按以下步骤进行：

(1)根据已有投标、预算资料，求出中标合同价与施工图预算的总价格差，以及施工图预算和施工预算的总价格差；

(2)施工预算未能包括的项目，参照定额；

(3)实际成本与定额差距大的子项，估算实际与定额之差；

(4)考虑价格因素、不可预见和工期制约等风险因素，测算调整；

(5)综合计算项目的成本降低额和降低率。

2. 直接估算法

以施工图和施工方案为依据，以计划人工、材料、机械等消耗量和实际价格为基础，由项目经理部各职能部门归口计算各项计划成本，据此估算项目的实际成本，确定目标成本。

直接估算法的具体步骤如下：

(1)将工程项目逐级分解为便于估算的小项，按小项自下而上估算。

① 人工费

人工费的计划成本＝计划用工量×实际水平的工资率

其中：

$$计划用工量=\sum(某项工程量\times工日定额)$$

工日定额课根据实际水平，考虑先进性，适当提高定额。

② 材料费

$$\begin{aligned}材料费的计划成本=&\sum(主要材料的计划用量\times实际价格)\\&+\sum(装饰材料的计划用量\times实际价格)\\&+\sum(周转材料的使用量\times日期\times租赁费)\\&+\sum(构配件材料的计划用量\times实际价格)\\&+工程用水的水费\end{aligned}$$

③ 施工机具使用费

$$机械使用的计划成本=\sum(施工机械的计划台班数\times规定的台班单价)$$

或

$$\begin{aligned}机械使用的计划成本=&\sum(施工机械的计划使用台班数\times机械租赁费)\\&+机械施工用电的电费\end{aligned}$$

④ 企业管理费

项目部根据工程造价管理机构确定的计价定额要求，以定额人工费或(定额人工费＋定额机械费)作为计算基数，其费率根据历年工程造价积累的资料，辅以调查数据确定，列入分部分项工程和措施项目中。

a. 以分部分项工程费为计算基础

$$企业管理费费率(\%)=\frac{生产工人年平均管理费}{年有效施工天数\times人工单价}\times人工费占分部分项工程费比例(\%)$$

b. 以人工费和机械费合计为计算基础

$$企业管理费费率(\%)=\frac{生产工人年平均管理费}{年有效施工天数\times(人工单价+每一工日机械使用费)}\times100\%$$

c. 以人工费为计算基础

$$企业管理费费率(\%)=\frac{生产工人年平均管理费}{年有效施工天数\times人工单价}\times100\%$$

⑤ 利润

施工企业根据企业自身需求并结合建筑市场实际自主确定，列入报价中。

⑥ 规费

社会保险费和住房公积金应以定额人工费为计算基础，根据工程所在地省、自治区、直辖市或行业建设主管部门规定费率计算。

社会保险费和住房公积金＝∑（工程定额人工费×社会保险费和住房公积金费率）

式中：社会保险费和住房公积金费率可以每万元发承包价的生产工人人工费和管理人员工资含量与工程所在地规定的缴纳标准综合分析取定。

⑦ 税金

税金计算公式：

$$税金=税前造价\times综合税率(\%)$$

综合税率：

a. 纳税地点在市区的企业

$$综合税率(\%)=\frac{1}{1-3\%-(3\%\times7\%)-(3\%\times3\%)-(3\%\times2\%)}-1$$

b. 纳税地点在县城、镇的企业

$$综合税率(\%)=\frac{1}{1-3\%-(3\%\times5\%)-(3\%\times3\%)-(3\%\times2\%)}-1$$

c. 纳税地点不在市区、县城、镇的企业

$$综合税率(\%)=\frac{1}{1-3\%-(3\%\times1\%)-(3\%\times3\%)-(3\%\times2\%)}-1$$

d. 实行营业税改增值税的，按纳税地点现行税率计算。

(2)汇总

对以上项目进行汇总，得到整个施工项目的估算数据。

(3)考虑风险和物价的影响，进行调整

$$工程计划成本=\sum单项工程的计划成本\times(1+取费率)\times(1+价格风险系数)$$

3. 施工预算法

施工预算法，是指主要以施工图中的工程实物量，套以施工工料的消耗定额，计算工料消耗量，并进行工料汇总，然后统一以货币形式反映其施工生产耗费水平。要降低一个工程项目的成本水平，就必须采取技术节约措施，以降低消耗定额的单位消耗量和降低价格等措施，来达到成本计划的目标成本水平。

施工预算法的计划成本＝施工预算施工生产耗费水平（工料消耗费用）

－技术节约措施计划节约额

例 3-2 某施工项目按施工预算的实际工程量，套以施工工料消耗定额，所计算的消耗费用为 470.59 万元，技术节约措施计划节约额为 14.37 万元，计算其计划成本。

解：施工项目计划成本＝470.59－14.37＝456.22 万元

4. 成本习性法

成本习性法是固定成本和变动成本在编制成本计划中的应用，主要按照成本习性，将建设工程成本分成固定成本和变动成本两类，以此计算计划成本。具体划分可采用按费用分解的方法。

(1)材料费

材料费与产量有直接联系，属于变动成本。

(2)人工费

如果采用计时工资形式，生产工人工资属于固定成本，因为不管生产任务完成与否，工资照发，与产量增减无直接联系。如果采用计件超额工资形式，其计件工资部分属于变动成本，奖金、效益工资和浮动工资部分，亦应记人变动成本。

(3)施工机具使用费

施工机具使用费中有些费用随产量增减而变动，如燃料费、动力费等，属于变动成本；有些费用不随产量变动，如机械折旧费、大修理费、机修工和操作工的工资等，属于固定成本。此外还有机械的场外运输费和机械组装拆卸、替换配件、润滑擦拭等经常性修理费，由于不直接用于生产，也不随产量增减变动，而是在生产能力得到充分利用，产量增长时，所分摊的费用就少些，在产量下降时，所分摊的费用就要大一些，所以这部分费用属于介于固定成本和变动成本之间的半变动成本，可按一定比例划为固定成本和变动成本。

(4)企业管理费

企业管理费中大部分在一定产量范围内与产量的增减没有直接联系，如工作人员工资、生产工人辅助工资、工资附加费、办公费、差旅交通费、固定资产使用费、职工教育经费、上级管理费等，基本上属于固定成本。检验试验费、外单位管理费等与产量增减有直接联系，则属于变动成本范围。此外，劳动保护费中的劳保服装费、防暑降温费、防寒用品费，劳动部门都有规定的领用标准和使用年限，基本上属于固定成本范围。技术安全措施费、保健费，大部分与产量有关，属于变动成本。工具用具使用费中，行政部门使用的家具费属固定成本；人工领用工具，随管理制度不同而不同，有些企业对机修工、电工、钢筋工、车工、钳工、刨工的工具按定额配备，规定使用年限，定期以旧换新，属于固定成本；而对民工、木工、抹灰工、油漆工的工具采取定额人工数，定价包干，则属于变动成本。

成本按习性划分为固定成本和变动成本，见下表 3-3 所列。

固定成本与变动成本划分后，按以下公式进行计算计划成本值。

建设工程计划成本＝建设工程变动成本总额＋建设工程固定成本总额

例 3-3 某工程项目，经过分部分项测算，测得其变动成本总额为 512.71 万元，固定成本总额 60.11 万元。计算计划成本。

解：建设工程计划成本＝512.71＋60.11＝572.82(万元)

表 3-3　固定成本与变动成本的划分

	固定成本	变动成本
材料费		材料费与产量有关，均为变动成本
人工费	计划工资	计件工资、效益工资、奖金
机械使用费	机械折旧费、大修理费、机修工、操作工（与产量无关）	燃料、动力费（与产量有关）
措施费		材料二次搬运、施工排水给水等与产量有关，均为变动成本
施工管理费	管理费用属于固定成本	检验试验费等属于变动成本

5. 定率估算法

当工程项目过于庞大或复杂时，可采用定率估算法。将工程项目分为少数几个子项，然后参照同类项目的历史数据，采用数学平均值法计算子项成本降低率，再算出子项成本降低额，汇总得出整个项目成本降低额、降低率。

(1)在估算时必须考虑的因素

在采用定率估算法时必须考虑建设规模、外观形状、质量标准、工程所在地、劳动生产率等因素的影响，同时应尽可能地多搜集同类施工项目的历史成本数据，以避免目标成本的确定出现偏差。

(2)确定子项目目标成本降低率的方法

① 加权平均法

例 3-4　某建筑公司搜集模板工程的项目框架子项的历史成本降低率见表 3-4，请计算 2017 年同类项目框架子项的目标成本降低率。

表 3-4　模板工程框架子项成本降低率历史资料

项目编号	完工时间	建筑面积/m^2	框架子项成本降低率/(%)
1	2008	20320	2.80
2	2009	42880	4.15
3	2010	10800	1.08
4	2011	33500	3.30
5	2012	50100	2.50
6	2013	38000	1.85

解：以建筑面积为权重，计算模板工程框架子项的实际成本降低率，作为 2017 年同类项目的框架子项的目标成本降低率。

$$2017\text{年目标成本降低率}=\frac{\sum(\text{各个子项成本降低率}\times\text{建筑面积})}{\sum\text{建筑面积}}$$

$$=\frac{\sum(2.80\times 20320+4.15\times 42880+1.08\times 10800+3.30\times 33500+2.50\times 50100+1.85\times 38000)}{\sum(20320+42880+10800+33500+50100+38000)}$$

$$=2.83$$

所以 2017 年该公司的模板工程的框架子项的模板成本降低率为 2.83%。

② 三点估算法

三点估算法是在加权平均法的基础上，考虑该估算结果的可靠性，进一步突出平均值的作用，从而得出更为准确的数值。

例 3－5 请利用三点估算法重新计算例 3－3 的模板工程的目标成本降低率。

解：

a. 已知例 3.4 中利用加权平均法计算的平均成本降低率为 2.83%。

b. 对项目的框架子项进行分类：

成本降低率高于加权平均值的为 A 类，低于加权平均值的为 B 类。

因此，第 2、4 项为 A 类，第 1、3、5、6 为 B 类。

c. 分别求出Ⅰ类和Ⅱ类项目框架子项的成本降低率的加权平均值。

Ⅰ类为：

$$\frac{\sum(4.15\times 42880+3.30\times 33500)}{\sum(42880+33500)}=3.78$$

Ⅱ类为：

$$\frac{\sum(2.80\times 20320+1.08\times 10800+2.50\times 50100+1.85\times 38000)}{\sum(20320+10800+50100+38000)}=2.22$$

d. 计算 2014 年框架子项的目标成本降低率为：

$$\frac{3.78+2.22+4\times 2.83}{6}=2.89$$

由上例看出，三点估算法扩大了总体加权平均值的权重，削弱了偶然情况对目标值的影响，使得降低率估算的把握性更大。有时为了更好地排除异常情况的影响，在估算时还可以首先去掉最高值和最低值，再应用加权平均法或三点估算法。

第三节　建设工程成本计划的编制内容

一、建设工程项目成本计划的内容

1. 编制说明

对工程的范围、投标竞争过程及合同条件、承包人对工程项目经理提出的责任成本目标、工程项目成本计划编制的指导思想和依据等的具体说明。

2. 建设工程项目成本计划的指标

成本计划指标应经过科学的分析预测来确定，可以采用对比法、因素分析法等进行测定。

可通过成本计划任务表、技术组织措施表、降低成本计划表以及施工现场管理费计划表等表格来反映工程项目成本计划的指标。

(1)建设工程成本计划任务表

建设工程成本计划任务表中主要是反映工程项目预算成本、计划成本、成本降低额、成本降低率等成本计划指标，见下表3－5。成本降低额能否实现主要取决于企业采取的技术组织措施。因此，计划成本降低额这一栏要根据技术组织措施表和降低成本计划表来填写。

表3－5　工程成本计划任务表

工程名称：　　项目经理：　　编制日期：　　单位：

项目	预算成本	计划成本	计划成本降低额	计划成本降低率
人工费				
材料费				
施工机具使用费				
规费				
企业管理费				
利润				
税金				
合计				

(2)技术组织措施表

技术组织措施表是预测项目计划期内施工工程成本各项成本计划降低额的依据，提出各项节约措施并确定各项措施的经济效益(见下表3-6)。由项目经理部有关人员分别就应采取的技术组织措施预测其经济效益,最后汇总编制而成此表。编制此表的目的,是为了在不断采用新工艺、新技术的基础上提高施工技术水平,改善施工工艺过程,推广工业化和机械化施工方法,以及通过采纳合理化建议达到降低成本的目的。

表3-6 技术组织措施表

工程名称: 项目经理: 编制日期: 单位:

措施项目	措施内容	涉及对象			降低成本来源		成本降低额				
		实物名称	单价	数量	预算收入	计划开支	人工费	材料费	施工机具使用费	其他费用	合计

(3)降低成本计划表

降低成本计划表是根据企业下达给该施工项目的降低成本任务和项目经理部自己确定的降低成本指标而制订出的项目成本降低计划,是编制成本计划任务的重要依据(见下表3-7)。此表由项目经理部有关管理人员和技术人员共同协商编制。此表的编制依据主要是工程项目的总包和分包的分工,项目各有关部门提供降低成本资料及技术组织措施计划。在编制此表时还应参照近期本企业以及其他企业同类施工项目成本计划的实际执行情况。

表3-7 降低成本计划表

工程名称: 项目经理: 编制日期: 单位:

单位工程名称	成本降低额							
	人工费	材料费	施工机具使用费	企业管理费	规费	税金	利润	合计

(4)施工现场管理费

施工现场管理费计划表主要是反映施工项目间接成本中有关施工现场管理费用的计划数及降低额(见下表3-8)。

表 3-8 施工现场管理费计划表

工程名称：　　　　　　项目经理：　　　　　　编制日期：　　　　　　单位：

项目	预算数	计划数	计划降低额	计划降低率
管理人员工资				
管理人员福利费				
劳动保护费				
固定资产使用费				
物料消耗费				
办公费				
差旅交通费				
保险费				
工程排污费				
工程保修费				
其他费用				
合计				

3. **单位工程计划成本汇总表**

按工程量清单列出的单位工程计划成本汇总表，见表 3-9。

表 3-9 单位工程计划成本汇总表

序号	项目编码	项目名称	合同价格	计划成本
1				
2				
3				
……				

4. **单位工程成本计划表**

按成本性质划分的单位工程成本汇总表。根据清单工程项目的造价分析，分别对人工费、材料费、机械费、企业管理费、规费、利润、税金进行汇总，形成单位工程成本计划表。

5. **分部工程成本计划表**

按照分部工程所包含的主部分项工程的成本进行分类、汇总。形成分部工程成本计划表。

二、责任成本计划的编制内容

为了便于项目经理部进行成本分析和考核，在制订工程成本计划时往往需要根据各个责任中心制订各自的责任成本计划。下面以施工队和施工班组为例说明其责任成本计划的主要内容。

1. 施工队责任成本计划的内容

施工队(含机械施工队)的责任成本计划是在成本预测的基础上,结合实施性施工组织设计中的施工进度安排和要求编制的施工队承包任务的成本计划,具体包括承包的任务量、质量和安全要求等。施工队的责任成本计划一般分为年、季、月责任成本计划。根据承包任务量及项目经理部对工期的要求编制分年度的责任成本计划,再根据年度责任成本计划分解到每个季度责任成本计划,而后根据侮季度计划分解到每月的责任成本计划。

(1)年度责任成本计划

因为施工队年度责任成本计划中拟定完成的任务项目多,所以要求按照成本项目分类编制。拟完成的单位工程可以根据工程概预算章节中的名称列出并计算直接成本中人工费、材料费和机械使用费,按定额标准确定工、料、机责任单价,再根据工程量计算直接成本各项目。

(2)季度责任成本计划

施工队根据项目经理部下达的季度施工计划安排、要求完成的任务量及施工形象进度要求,结合施工设计图,在年度责任成本计划的基础上编制季度责任成本计划。季度责任成本计划不计算间接成本,只计算直接成本。根据具体情况,直接成本费率可以不同于年度责任成本计划中的,可以重新测定。

(3)月责任成本计划

施工队月责任成本计划只考虑直接成本中的人工费、材料费和机械使用费,不考虑其他直接费和间接成本。要求工程划分比季度责任成本计划中的更细,一般要细到分部工程或分部、分项工程,甚至施工工序进行编制。

2. 施工班组责任成本计划的内容

工程项目最基层的责任成本中心就是施工队下属的各个班(组),施工班组是项目施工生产第一线的生产组织,能把施工班组的成本控制好,施工项目的成本管理有70%成功的把握。因为施工班组的责任成本构成主要是施工项目直接成本中的工人工费、材料费和机械使用费,而这三个直接成本项目往往占施工项目工程成本总额的70%～80%,所以,控制好施工班组的责任成本对施工项目提高经济效益具有重大意义。

施工班组的责任成本计划根据班组承担的工程任务量、施工难度、工期、质量和安全的要求进行编制。班组的责任成本计划编制一定要细,便于操作,而且能让班组的每一个成员一目了然,这样才有利于计划的实施。

三、降低建设工程成本的途径

施工项目是在事先设计的标准要求和规定,以及质量和工期的要求下,以确定的价格来组织施工生产的。这样,完成项目所获得的利润是较低的,在组织和管理项目施工过程中稍有失误就会造成亏损。因此,必须从降低成本的角度出发考虑项目施工各个方面、各种问题的决策和计划,才能保证项目的盈利。只有项目有了盈利,企业才能有积累,才能在市场经济激烈的竞争中生存和发展下去。

1. 降低工程成本的途径

成本计划中降低施工项目成本的可能途径可以从以下方面考虑：

(1)确定先进、经济合理的施工方案

施工方案主要包括四项内容：施工方法的确定、施工机具的选择、施工顺序的安排、施工的组织。施工方案不同，工期就会不同，所需的施工机械也不同，导致发生的成本不同。应根据项目的规模、性质、复杂程度、工艺条件和现场条件、装备情况、人员素质等具体情况，选择先进、经济合理，而又能保证工程质量和合同工期要求的施工方案，做到采用先进施工方法，合理安排工艺流程和布置施工现场，保持施工的均衡性、连续性。这是降低工程成本、实现成本管理目标的基础。

(2)加强技术管理，提高工程质量

这方面主要是研究推广新产品、新技术、新结构、新材料、新机器及其他技术革新措施，制订并贯彻降低成本的技术组织措施，提高经济效果，加强施工过程的技术质量检验制度，提高工程质量，避免返工损失。

(3)加强劳动工资管理，提高劳动生产率

在项目施工中，成本的高低在很大程度上取决于劳动生产率的高低，而劳动生产率的高低又取决于劳动组织、技术装备和劳动者的素质。因此，一方面应该学习国内外先进的项目管理理论和方法，提高技术装备、劳动者的操作熟练程度和科学文化水平；另一方面应该改善劳动组织，加强劳动工资管理，严格执行劳动定额，加强落实经济责任制，把员工的劳动成果与其收入紧密联系起来，以充分调动劳动积极性，挖掘潜力，达到降低成本的目的。

(4)加强材料管理，降低材料费支出

材料费在工程成本中占据较大比重，历来受到项目管理人员的重视。降低材料费，不仅从节约材料使用出发，还应该在材料的采购、运输、收发、保管及回收等各个环节，综合考虑降低成本费支出的措施。在保证施工需要的前提下，合理组织采购，力求不形成积压；合理堆置现场材料，组织分批进场，减少二次搬运；严格材料进场验收和限额领料制度；制定并贯彻节约材料的技术措施，开展材料的代用、修旧利废和废料回收，综合利用一切资源。还可将材料消耗的定额指标，进行层层落实，直至施工工序，并制订相应的材料消耗节超奖惩制度。

(5)提高机械设备的使用率

提高机械设备的使用率，合理进行机械施工的组织，提高施工生产效率，对降低工程成本有直接影响。为提高使用率，首先应结合施工方案的制订，选择最合适施工特点的机械设备，包括性能、数从、台班成本等方面；其次，做好配合机械施工的组织工作，同时，提高机械操作人员的技术水平，保证机械设备发挥最大效能；最后，应统筹考虑机械使用费，不可片面强调节约成本，而忽视维修管理工作，应提高机械设备的完好率，使之始终处于最佳工作状态。

(6)节约企业管理费

现场管理费无定额可循，一般是根据不同工程类别按一定费率计算。在施工过程中应严格控制，不得超过计划数。特别是现场管理人员的数量配备，按照“精简、高效率”的原则组建项目管理班子，减少管理层次。提高工作质量和效率。做好办公费、差旅交通费、工具用具使用费计划，并按计划执行。还应实行责任制，实行奖惩。

(7)正确划分成本中心．使用先进的成本管理方法和手段

要有效地控制成本，就必须正确划分成本中心，落实各成本中心的成本资任，合理确定其核算和考核方法。如果成本中心划分不合理，成本资任的确定也就不合理，成本中心履行成本责任变得困难，成本核算和考核也易流于形式。在实际工作中，不少人将成本管理简单地理解为财务问题，限制了降低成本的思路和范围。事实上，成本管理是项目管理的一项综合指标，一切有利于成本降低的技术、组织和经济方法都应采用。此外，为了有效地做好成本管理工作，应尽可能采用先进的成本信息搜集、整理手段，如电子计算机的使用，建立和使用成本数据库等。

2. 降低成本措施效果的计算

降低成本的技术组织措施项目确定后，要计算其采用后预期的经济效果。以下举例说明各种技术措施降低成本的效果计算。

(1)由于劳动生产率提高超过平均工资增长而使成本降低，其效果的计算公式为

$$成本降低率=\left(1-\frac{1+平均工资计划增长率}{1+劳动生产力计划提高率}\right)\times施工工人工资占工程成本的比重$$

(2)由于材料、燃料消耗降低而使成本降低，其效果的计算公式为

$$成本降低率=材料、燃料等消耗降低率\times材料成本占工程成本的比重$$

(3)由于多完成工程任务，使固定成本相对节约而使成本降低，其效果的计算公式为

$$成本降低率=\left(1-\frac{1}{生产增长率}\right)\times固定成本占工程成本的比重$$

(4)由于节约企业管理费而使成本降低，其效果的计算公式为

$$成本降低率=企业管理费节约率\times企业管理费占工程成本的比重$$

(5)由于减少废品、返工损失而使成本降低，其效果的计算公式为

$$成本降低率=废品返工损失降低率\times废品返工损失占工程成本的比重$$

机械使用费和其他直接的节约额，也可以根据要采用的技术措施计算出来。将以上各项成本降低率相加，就可以计算出总的成本降低率。

本章小结

成本计划是成本管理和控制的先决条件，对整个成本管理过程的约束最直接，这也对建设方在成本管理能力提出较高的要求。在成本计划将建设项目的成本约束在一个科学的范

围内，通过对市场的全面了解，对最新技术的发掘来提高生产效率、节约资源、增加收益，为工程项目成本管理指明了方向，减少了环境变化的冲击，将浪费最小化，对后期的成本控制提供了较好的标准。本章系统介绍了工程项目成本计划的编制原则、依据及程序，着重介绍成本计划的编制方式、方法和内容，最后指出降低工程项目成本的思路和路径。

复习思考题

1. 下列各项内容不属于施工成本计划依据的是(　　)

A. 设计概算　　B. 合同报价书

C. 已签订的工程合同　　D. 分包合同

2. 大中型工程项目按照子项目组成编制施工成本计划，将施工项目总成本分解的顺序为(　　)

A. 单项工程一单位工程一分部工程一分项工程

B. 单位工程一单项工程一分部工程一分项工程

C. 单位工程一单项工程一分项工程一分部工程

D. 单项工程一单位工程一分项工程一分部工程

3. 以货币形式编制施工项目在施工项目周期内的生产费用、成本水平、成本降低率，以及为降低成本所采取的主要措施和规划的书面方案是指(　　)

A. 成本预测　　B. 成本计划　　C. 成本核算　　D. 成本考核

4. 下列各项内容属于施工成本计划依据的是(　　)

A. 合同报价书　　B. 施工预算　　C. 结构件外加工合同　　D. 投资估算

E. 设计概算

5. 某施工项目按施工预算的工程实际量，套以施工工料消耗定额，所计算的消耗费用为 470.59 万元，技术节约措施计划节约额为 14.37 万元，计算计划成本。

6. 某市第一建筑工程公司搜集钢筋混凝土施工项目框架子项的历史成本降低率资料如下表所示。试用三点估算法确定 2009 年同类施工项目框架子项的目标成本降低率(估算时去掉最高值和最低值)。

项目编号	完工时间	建筑面积/m^2	框架子项成本降低率(%)
1	2003	50400	3.35
2	2004	35000	4.20
3	2005	40600	2.85
4	2006	10900	3.63
5	2007	21800	2.30
6	2008	80000	3.16

7. 已知某工程项目基础数据资料如下表所示，分别用横道图、直方图和“S”形曲线表示该项目的成本计划。

编码	项目名称	最早开工时间	工期/月	成本强度/(万元/月)
1	基础施工	1	2	35
2	主体施工	2	4	25
3	屋面施工	5	2	30
4	装饰工程	6	3	25
5	零星工程	8	2	15

第四章 建设工程成本控制

【学习重点与目标】

1. 了解建设工程成本控制的基本概念；
2. 熟悉工程项目成本控制的依据和程序；
3. 掌握建设工程成本控制的内容；
4. 了解工程成本控制的组织系统；
5. 熟悉建设工程成本控制的基本方法。

第一节 建设工程成本控制概述

一、建设工程成本控制的概念

工程成本控制是指在项目成本形成的过程中，为控制人工、材料、机械消耗和费用支出，降低成本，达到预期的成本目标，所进行的成本预测、计划、实施、核算、分析、考核、整理成本资料与编制成本报告等一系列活动。

具体来讲，建设工程成本控制是指在工程建设的各个阶段，采取一定的方法和措施把工程成本的发生控制在合理的范围和预先核定的成本限额以内，随时纠正发生的偏差，以保证工程项目成本管理目标的实现。在工程实际进展中，定期将实际发生成本与计划成本相比较，得出结果并分析差异，找出出现偏差的原因，进而采取组织、技术、经济以及合同等方面的有效措施对其加以控制，使实际成本与计划成本的偏差控制在有限的范围内。因此，在工程成本控制中，还涉及如下一系列概念。

1. 成本偏差

在建设工程施工过程中，由于各种因素的影响，实际情况往往会与计划出现偏差，建设工程施工成本的实际值与计划值的差异叫作成本偏差，即

$$成本偏差=已完工程实际成本-已完工程计划成本 \quad (4-1)$$

其中，

$$已完工程实际成本=\sum已完工程量(实际工程量)\times实际单价 \tag{4-2}$$

$$已完工程计划成本=\sum已完工程量(实际工程量)\times计划单价 \tag{4-3}$$

成本偏差为正，表示成本超支；成本偏差为负，表示成本节约。

2. 进度偏差

实际工程进度与计划工程进度的差异叫作进度偏差，其表达式为

$$进度偏差=已完工程实际时间-已完工程计划时间 \tag{4-4}$$

进度偏差为正，表示工期拖延；进度偏差为负，表示工期提前。

3. 成本进度偏差

计划进度下和实际进度下的计划成本的差异叫作成本进度偏差，其表达式为

$$成本进度偏差=拟完工程计划成本-已完工程计划成本 \tag{4-5}$$

其中，拟完工程计划成本是指“计划进度下的计划成本”，其表达式为

$$拟完工程计划成本=\sum拟完工程量(计划工程量)\times计划单价 \tag{4-6}$$

已完工程计划成本是指“实际进度下的计划成本”，已完工程实际成本是指“实际进度下的实际成本”。

4. 成本偏差参数

(1)局部偏差和累计偏差

局部偏差有两层含义：一是对于整个项目而言，指各单项工程、单位工程及分部分项工程的成本偏差；另一含义是对于整个项目已经实施的时间而言，是指每一控制周期所发生的成本偏差。局部偏差的引入，使建筑施工企业清楚地了解偏差发生的时间、所在的单项工程，这有利于分析其发生的原因。

累计偏差是一个动态的概念，是指随着每个控制周期而逐步累加的成本偏差，其数值总是与具体时间联系在一起。第一个累计偏差在数值上等于局部偏差，最终的累计偏差就是整个项目的成本偏差。累计偏差所涉及的工程内容较多、范围较大，且原因也较复杂，因而累计偏差分析必须以局部偏差分析为基础。从另一方面看，因为累计偏差分析是建立在对局部偏差进行综合分析的基础上，所以其结果更能显示出代表性和规律性，对成本控制工作在较大范围内具有指导作用。

(2)绝对偏差和相对偏差

绝对偏差是指成本实际值与计划值比较所得到的差额，其表达式为

$$绝对偏差=成本实际值-成本计划值 \tag{4-7}$$

绝对偏差的结果很直观，有助于建筑施工企业了解项目成本出现偏差的绝对数额，并依此采取一定措施，制定或调整成本支付计划和资金筹措计划。但是，绝对偏差有其不容忽视的局限性。如同样是1万元的成本偏差，对于总成本1000万元的项目和总成本10万元的

项目而言，其严重性显然是不同的。因此要引入相对偏差这一参数，其表达式为

相对偏差＝绝对偏差/成本计划值＝(成本实际值－成本计划值)/成本计划值 (4－8)

与绝对偏差一样，相对偏差可正可负，且两者同正负。正值表示成本超支，反之表示成本节约。两者都只涉及成本的计划值和实际值，既不受项目层次的限制，也不受项目实施时间的限制，因而在各种成本比较中均可采用。

5. **偏差程度**

偏差程度是指成本实际值对计划值的偏离程度，其表达式为

成本偏差程度＝成本实际值/成本计划值 (4－9)

偏差程度可参照局部偏差和累计偏差分为局部偏差程度和累计偏差程度，但是累计偏差程度并不等于局部偏差程度的简单相加。以月为一控制周期，则两者计算公式为

成本局部偏差程度＝当月成本实际值/当月成本计划值 (4－10)

成本累计偏差程度＝累计成本实际值/累计成本计划值 (4－11)

将偏差程度与进度结合起来，引入进度偏差程度的概念，其表达式为

进度偏差程度＝拟完工程计划时间/已完工程计划时间 (4－12)

成本进度偏差程度＝拟完工程计划成本/已完工程计划成本 (4－13)

施工成本偏差分析的一个重要目的就是找出引起偏差的原因，从而有可能采取有针对性的措施，减少或避免相同原因的再次发生。在进行成本偏差原因分析时，首先应当将已经导致和可能导致偏差的各种原因逐一列举出来。导致不同工程项目产生成本偏差的原因具有一定共性，因而可以通过对已建建设工程施工的成本偏差原因进行归纳、总结，为该项目采用防御措施提供依据。

二、建设工程成本控制的意义

建设工程成本控制是一项系统工程，贯穿于建筑施工的每一个阶段，是建筑工程施工管理的重要内容。成功的建设工程成本控制是在质量、成本、进度、安全四大控制目标之间取得有效的平衡。如果一味地追求节约成本，而忽视质量、进度和安全，那么往往会得不偿失。建设工程成本控制是成本管理的核心，因此，加强建设工程成本控制对于整个工程项目建设而言具有重要的意义。

1. **监督工程收支，实现计划利润**

在投标阶段分析的利润仅是理论上的计算而已，只有在实施过程中采取各种措施监督工程的收支，才能保证计划利润变为现实的利润。

2. **做好盈亏预测，指导工程实施**

根据单位成本增高和降低的情况，对各分部工程的成本增减的情况进行计算，不断对工程的最终盈亏做出预测，指导工程实施。

3. 分析收支情况

根据工程实施的情况和成本增减的预测，对流动资金需要的金额和时间进行调整，使流动资金更符合实际，从而可供筹集资金和偿还借贷资金参考。

4. 积累资料，指导今后投标

为实施过程中的成本统计资料进行积累并分析单项工程的实际成本，用来验证原来投标计算的正确性。所有这些资料均是十分宝贵的，特别是有利于该承包商在该地区继续投标承包新的工程。

5. 有利于企业战略性成本控制实施

要提高企业的运行就必须实现其经济效益，而作为企业来说，成本控制是其首要的战略选择，企业战略成本控制主要是通过使用竞争手段，以较低成本获得较高收益，以扩大占领市场，最终使企业在市场中获得竞争优势。

6. 有利于提高整体项目管理水平

一个项目工程的成本情况直接反映了工程项目中工程耗能的节约程度，无论是用提高资源利用率的方式还是提高劳动生产率的方式都能够从根本上反映一个项目的整体管理水平。

三、建设工程成本控制的原则

1. 开源与节流相结合的原则

降低项目成本，需要一面增加收入，一面节约支出。因此，在成本控制中，也应该坚持开源与节流相结合的原则。要求做到：每发生一笔金额较大的成本费用，都要查一查有无与其相对应的预算收入，是否支大于收。在经常性的分部分项工程成本核算和月度成本核算中，也要进行实际成本与预算收入的对比分析，以便从中探索成本节超的原因，纠正项目成本的不利偏差，提高项目成本的降低水平。

2. 全面控制原则

全面控制的原则，其主要包括以下两个方面：

第一，项目成本的全员控制。项目成本是一项综合性很强的指标，它涉及项目组织中各个部门、单位和班组的工作业绩。也与每个职工的切身利益有关。因此，项目成本的高低需要大家关心，施工项目成本管理（控制）也需要项目建设者群策群力，仅靠项目经理和专业成本管理人员及少数人的努力是无法收到预期效果的。项目成本的全员控制，并不是抽象的概念，而应该有一个系统的实质性内容，其中包括各部门、各单位的责任网络和班组经济核算等等，防止成本控制人人有责又都人人不管。

第二，项目成本的全过程控制。施工项目成本的全过程控制，是指在工程项目确定以后，自施工准备开始，经过工程施工，到竣工交付使用后的保修期结束，其中每一项经济业务，都要纳入成本控制的轨道。也就是：成本控制工作要随着项目施工进展的各个阶段连续进行，既不能疏漏，又不能时紧时松，使施工项目成本自始至终置于有效的控制之下。

3. 动态控制原则

项目施工是一次性行为，其成本控制应更重视事前、事中控制。在施工开始之前进行成本预测，确定目标成本，编制成本计划，制订或修订各种消耗定额和费用开支标准。成本控制随施工过程连续进行，与施工进度同步，不能时紧时松，不能拖延；要及时制止不合理开支，把可能导致损失和浪费的苗头消灭在萌芽状态。竣工阶段的成本控制，由于成本盈亏已经基本定局，即使发生了偏差，也已来不及纠正。因此，把成本控制的重心放在基础、结构、装饰等主要施工阶段上，则是十分必要的。

4. 创收与节约相结合的原则

工程项目施工既是消耗资财人力的过程，也是创造财富增加收入的过程，其成本控制也应坚持增收与节约相结合的原则。

在编制工程项目预算时，应“以支定收”，保证预算收入；在施工过程中，要“以收定支”，控制资源消耗和费用支出。严格控制成本开支范围，费用开支标准和有关财务制度，对各项成本费用的支出进行限制和监督；对于发生的每一笔成本费用，都要核查是否合理。应及时进行成本核算，对比分析实际成本与预算收入的差异。

项目部应提高施工项目的科学管理水平、优化施工方案，提高生产效率，节约人、财、物的消耗；采取预防成本失控的技术组织措施，制止可能发生的浪费。

施工的质量、进度、安全都对工程成本有很大的影响，因而成本控制必须与质量控制、进度控制、安全控制等工作相结合、相协调，避免返工（修）损失、降低质量成本，减少并杜绝工程延期违约罚款、安全事故损失等费用支出发生。

5. 目标管理原则

目标管理是贯彻执行计划的一种方法，它把计划的方针、任务、目的和措施等逐一加以分解，提出进一步的具体要求，并分别落实到执行计划的部门、单位甚至个人。目标管理的内容包括：目标的设定和分解，目标的责任到位和执行，检查目标的执行结果，评价目标和修正目标，形成目标管理的P（计划）D（实施）C（检查）A（处理）循环。

6. 例外管理原则

例外管理是西方国家现代管理常用的方法，它起源于决策科学中的“例外”原则，目前则被更多地用于成本指标的日常控制。在工程项目建设过程的诸多活动中，有许多活动是例外的，如施工任务单和限额领料单的流转程序等，通常是通过制度来保证其顺利进行的。但也有一些不经常出现的问题，我们称之为“例外”问题。这些“例外”问题，往往是关键性问题。对成本目标的顺利完成影响很大，必须予以高度重视。例如，在成本管理中常见的成本盈亏异常现象，即盈余或亏损超过了正常的比例；本来是可以控制的成本，突然发生了失控现象；某些暂时的节约，但有可能对今后的成本带来隐患（如由于平时机械维修费的节约，可能会造成未来的停工修理和更大的经济损失）等等，都应该视为“例外”问题，进行重点检查，深入分析，并采取相应的积极的措施加以纠正。

7. 责、权、利相结合的原则

要使成本控制真正发挥及时有效的作用，必须严格按照经济责任制的要求，贯彻责、权、利相结合的原则。在项目施工过程中，项目经理、工程技术人员、业务管理人员以及各单位和生产班组都负有一定的成本控制责任，从而形成整个项目的成本控制责任网络。另一方面，各部门、各单位、各班组在肩负成本控制责任的同时，还应享有成本控制的权力，即在规定的权力范围内可以决定某项费用能否开支、如何开支和开支多少，以行使对项目成本的实质性控制。最后，项目经理还要对各部门、各单位、各班组在成本控制中的业绩进行定期的检查和考评，并与工资分配紧密挂钩，实行有奖有罚。实践证明，只有责、权、利相结合的成本控制，才是名实相符的项目成本控制，才能收到预期的效果。

第二节　建设工程成本控制的依据

一、成本控制的依据

1. 合同文件

合同文件中工程合同价是成本控制的外部目标，超出即意味亏损。施工成本控制要以工程承包合同为依据，根据合同承包价，划出属于成本部分的费用，即合同承包成本。围绕降低合同承包成本这个目标，从合同承包成本和实际成本两个方面，努力挖掘增收节支潜力，以求获得最大的经济效益。

2. 成本计划

成本计划是成本控制的内部目标，是在工程合同价基础上扣除项目计划利润之外的成本控制目标。成本计划包括成本基准计划和成本管理计划，是施工成本控制的指导文件。

成本基准计划是预定的具体成本控制目标，用来作为度量和监控项目整体成本的基准。许多项目，特别是大型项目，可能由多个成本基准或资源基准和消耗品生产基准来量度项目绩效的不同方面。例如，管理层可以要求项目经理分别监控内部成本（人工）和外部成本（供应商和建筑材料）或总的工时数。成本基准计划是实施成本控制的最基本的依据。

成本管理计划是实现目标的措施和规划，描述了当实际成本与计划成本发生差异时如何进行管理（差异程度不同则管理力度也不同）。一个成本管理计划可以是高度详细或粗框架的，可以是正规的或非正规的，这都取决于项目相关人员的需要。成本管理计划是整个项目计划的一个辅助部分。成本管理计划的主要目的是对整个成本控制过程进行有序的安排，以实现成本的合理使用。

3. 进度报告

进度报告是成本控制过程中工程形象的动态资料，反映了工程成本支出状态。进度报告提供了每一时刻工程实际完成量、工程施工成本和实际支付情况等重要信息。施工成本控制工作正是通过实际情况与施工成本计划相比较，找出两者之间的差别，分析偏差产生的原因，从而采取措施改进以后的工作。此外，进度报告还有助于管理者及时发现施工中存在的隐患，并在事态还未造成重大损失之前采取有效措施，尽量避免损失。

4. 工程变更与索赔资料

工程变更与索赔资料是成本控制过程中与原成本计划费用支出发生变化的动态资料。

在项目的实施过程中，由于各方面的原因，工程变更是很难避免的。工程变更一般包括设计变更、进度计划变更、施工条件变更、技术规范与标准变更、施工次序变更、工程数量变更等。一旦出现变更，工程量、工期、成本都必将发生变化，从而使得施工成本控制工作变得更加复杂和困难。因此，施工成本管理人员就应当通过对变更要求当中各类数据的计算、分析，随时掌握变更情况，包括已发生工程量、将要发生工程量、工期是否拖延、支付情况等重要信息，判断变更以及变更可能带来的索赔额度等。

5. 标准、定额和规范

与工程项目相关的各种标准、定额、规范也是项目成本控制的依据。在成本控制中，定额得到了广泛应用。定额是一种规定的额度，广义地说，也是处理待定事物的数量界限。工程定额是在正常施工条件下，完成单位合格产品所必须消耗的劳动力、材料、机械台班的数量标准。工程建设定额是一个综合概念，是工程建设中各类定额的总称，可以按照不同的原则和方法对它进行科学的分类。

按照定额反映的生产要素消耗内容，可以把工程建设定额分为劳动定额、材料消耗定额和机械台班消耗定额 3 种。劳动定额是完成一定的合格产品（工程实体或劳务）规定活劳动消耗的数量标准。材料消耗定额是指完成一定合格产品所需消耗材料的数量标准。机械台班消耗定额是指为完成一定合格产品（工程实体或劳务）所规定的施工机械消耗的数量标准。

按照定额的编制程序和用途，可以把工程建设定额分为施工定额、预算定额、概算定额、概算指标、投资估算指标五种。施工定额是施工企业（建筑安装企业）组织生产和加强管理在企业内部使用的一种定额。预算定额是在编制施工图预算时；计算工程造价和计算工程中劳动、机械台班、材料需要量使用的一种定额。概算定额是编制扩大初步设计概算时，计算和确定工程概算造价，计算劳动、机械台班、材料需要量所使用的定额。概算指标是在初步设计阶段编制工程概算所采用的一种定额，是以整个建筑物或构筑物为对象，以“平方米”、“立方米”或“座”等为计量单位规定人工、材料、机械台班耗用量的数量标准。投资估算指标是在项目建议书和可行性研究阶段编制投资估算、计算投资需要量时使用的一种定额。这五种定额之间的关系比较见表 4－1。

表 4－1　各类定额内容一览表

定额类别	施工定额	预算定额	概算定额	概算指标	投资估算指标
对象	工序	分项工程	扩大的分项工程	建筑物或构筑物	独立或完整的工程项目
用途	编制施工预算	编制施工图预算	编制扩大初步设计概算	编制初步设计概算	编制投资估算
项目划分	最细	细	较粗	粗	很粗
定额水平	平均先进	平均	平均	平均	平均
定额性质	生产性定额	计价性定额			

二、施工项目成本控制的程序

1. 掌握生产要素的市场价格和变动状态

一个工程的生产要素，特别是材料费用在建筑工程成本中要占60％～70％，人工费约占20％。因此，生产要素的市场价格对于工程施工成本的影响是决定性的。要控制好成本，必须从生产要素的市场价格开始；及时充分掌握材料、机械、劳动力的市场价格，正确预测材料价格的变化，合理确定采购价格是有效控制项目成本的关键。

2. 确定项目合同价

在项目采购确定合同价时，项目部报价应坚持不低于成本价。在采用清单报价时，在总价不变前提下，采用不平衡报价法，对于不可变动项目和无法索赔的项目，可以适当降低单价；对于有可能索赔的项目，可以适当提高单价，签订有利于本方的合同价。

3. 编制成本计划，确定成本实施目标

施工成本计划是以货币形式编制施工项目在计划期内的生产费用、成本水平、成本降低率以及降低成本所采取的主要措施和方案。它是建立施工项目成本管理目标责任制、开展成本控制和核算的基础，是设立目标成本的依据。成本计划是目标成本的一种形式。

4. 进行成本动态控制，实现成本实施目标

为了成本控制更合理地进行，应建立动态的主动控制系统。主动控制是指在项目实施过程中，预先分析成本发生偏差的可能因素和预铡偏差的可能性。采取应对的预防措施，防止偏差发生。

5. 进行项目成本核算和工程价款结算，及时收回工程款

施工项目成本一般以每一独立编制施工图预算的单位工程为成本核算对象，但也可以按照承包工程项目的规模、工期、结构类型、施工组织和施工现场等情况．结合成本控制的要求，灵活划分成本核算对象。

成本核算一般包括两个基本环节：一是按照规定的成本开支范围对施工费用进行归集和分配，计算出施工费用的实际发生领带二是根据成本核算对象，采用适当的方法，计算出该项目的总成本和单位成本。施工成本管理需要正确、及时地核算施工过程中发生的各种费用，计算施工项目的实际成本。做到实际施工形象进度、已完施工产值的统计、各类实际成本归集点的三同步原则。通过及时准确的成本核算，可以尽早地向建设单位申请进度款，及时收回工程款。

6. 进行项目成本分析

工程项目成本分析是在施工成本核算的基础上．对成本的形成过程和影响成本升降的因素进行分析，以寻求进一步降低成本的途径，包括有利偏差的挖掘和不利偏差的纠正。施工成本分析贯穿于施工成本管理的全过程。

施工企业成本分析的内容就是对施工项目成本变动因素的分析。影响施工项目成本变动的因素有两个方面，一是外部的属于市场经济的因素，二是内部的属于企业经营的因素。

影响施工项目成本变动的市场因素主要包括施工企业的规模和技术装备水平，施工企业专业协作的水平以及企业员工的技术水平及操作熟练程度等几个方面，这些因素不是在短期内所能改变的。影响施工项目成本升降的内部因素包括材料、能源利用效果、机械设备的利用效果、施工质量水平的高低、人工费用水平的合理性和其他影响施工项目成本变动的因素(其他直接费用以及为施工准备、组织施工和管理所需的费用)等。

7. 进行项目成本考核，编制成本报告

项目成本考核是在施工项目完成后，对施工项目成本形成中的各责任者，按施工项目成本目标责任制的有关规定．将成本的实际指标与计划进行对比和考核，判定施工项目成本计划的完成情况和各责任者的业绩。

施工成本考核是衡量成本降低的实际成果，也是对成本指标完成情况的总结和评价。成本考核制度包括考核的目的、时间、范围、对象、方式、依据、指标、组织领导、评价与奖惩原则等内容。

施工项目成本考核的对象和内容可见表 4－2。

表 4－2　施工项目的成本考核

考核对象	考核内容
企业对项目经理考核	• 项目成本目标和阶段成本目标的完成情况 • 成本控制责任制的落实情况 • 成本计划的编制和落实情况 • 对各部门、作业队、班组责任成本的检查和考核情况 • 在成本控制中贯彻责权利相结合原则的执行情况
项目经理对各部门考核	• 本部门、本岗位责任成本的完成情况 • 本部门、本岗位成本控制责任的执行情况
项目经理对作业队的考核	• 对劳务合同规定的承包范围和承包内容的执行情况 • 劳务合同以外的补充收费情况 • 对班组施工任务单的管理情况 • 对班组完成施工后的考核情况
对生产班组的考核	• 平时由作业队对生产班组考核 • 考核班组责任成本(以分部分项工程成本为责任成本)完成情况

8. 积累项目成本资料

工程项目成本资料是工程项目建设全过程中技术经济的综合反映，也是一定时期社会生产力和建设管理水平的真实反映。项目成本资料是对不同时期建设工作各环节技术、经济管理水平和建设经验教训的综合反映。

在大量的项目成本资料积累基础上，可从中寻求项目成本客观运行规律，准确地把握市场。作为专业成本控制人员，认真做好项目成本资料积累工作，不仅有利于自身工作，对企业和项目未来的成本控制，提高项目效益的贡献也是不可估量的。

施工项目成本控制的程序如图 4－1 所示。

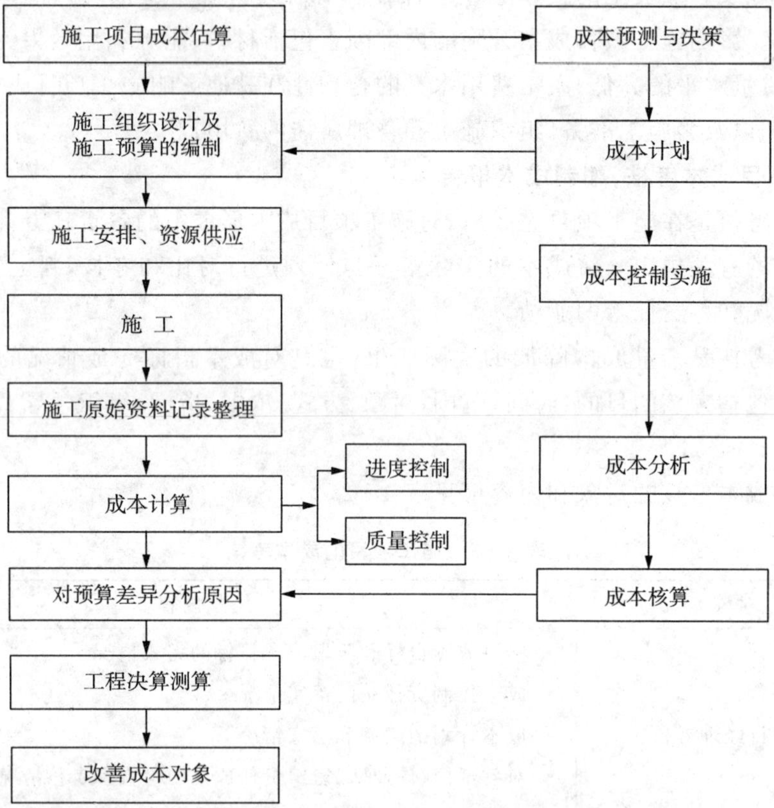

图 4－1　施工项目成本控制的程序

第三节　建设工程成本控制的内容

一、工程成本控制的内容

建设工程的成本控制是一个包含有搜集实际成本数据、分析成本偏差及原因、采取措施纠正偏差、按照规定的时间间隔编制成本报告的完整过程。在不同阶段，成本控制的内容也有所不同。

1. 工程投标阶段

(1)根据工程概况和招标文件，结合建筑市场和竞争对手的情况，进行成本预测，提出投标决策意见。

(2)中标之后，应根据项目的建设规模，组建与之相适应的项目经理部，同时以“标书”为依据确定项目的成本目标，并下达给项目经理部。

2. 施工准备阶段

(1)根据设计图纸和有关技术资料，对施工方法、施工顺序、作业组织形式、机械设备选型、技术组织措施等进行认真的研究分析，并运用价值工程原理，制订出科学先进合理的施工方案。

(2)根据企业下达的成本目标，以分部分项工程的实物工程量为基础，结合劳动定额、材料消耗定额和技术组织措施的节约计划，在优化的施工方案的指导下，编制明细而具体的成本计划，并按照部门、施工队和班组的分工进行分解，作为部门、施工队和班组的责任成本落实下去，并为今后的成本控制做好准备。

(3)间接费用预算的编制及落实。根据项目建设时间的长短和参加建设人数的多少，编制间接费用预算，并对上述预算进行明细分解，以项目经理部有关部门(或业务人员)责任成本的形式落实下去，为今后的成本控制和绩效考核提供依据。

3. 施工阶段

(1)加强施工任务单和限额领料单的管理，特别要做好每一个分部分项工程完成后的验收(包括实际工程量的验收和工作内容、工程质量、文明施工验收)，以及实耗人工、实耗材料的数量核对，以保证施工任务单和限额领料单的结算资料绝对正确，为成本控制提供真实可靠的数据。

(2)将施工任务单和限额领料单的结算资料与施工预算进行核对，计算分部分项工程的成本差异，分析差异产生的原因，并采取有效的纠偏措施。

(3)做好月度成本原始资料的收集和整理工作，正确计算月度成本，分析月度预算成本和实际成本的差异。对于一般的成本差异要在充分注意不利因素的基础上，认真分析有利差异；对于盈亏比例异常的现象要特别重视，并在查明原因的基础上，采取果断的措施，尽快加以纠正。

(4)在月度成本核算的基础上，实行责任成本核算。也就是利用原有会计和分散的资料，重新按照责任部门或责任者归集成本费用，每月结算一次，并与责任成本进行对比，由责任部门或责任者自行分析成本差异及其产生的原因，并采取措施予以纠正，为全面实现责任成本创造条件。

(5)经常检查对外经济合同的履约情况，为顺利施工提供物质保证。如遇延期或质量不符合要求时，应根据合同规定向对方索赔；对于缺乏履约能力的单位，要果断采取措施，立即终止合同，并另找可靠的合作单位，以免影响施工，造成经济损失。

(6)定期检查各责任部门和责任者的成本控制情况，检查成本控制责、权、利的落实情况(每月检查一次)。发现成本差异偏高或者偏低的情况，应会同责任部门或责任者分析产生差异的原因，并督促他们采取相应的对策来纠正差异。如有因责、权、利不到位而影响成本控制工作的情况，应该针对产生的原因调整有关各方面的关系，依照责、权、利相结合的原则，使成本控制工作得以顺利进行。

4. 竣工验收阶段

(1)精心安排,干净利落地完成工程竣工扫尾工作,把竣工扫尾时间缩短到最低限度。

(2)重视竣工验收工作,顺利交付使用。在验收以前,要准备好验收所需要的各种书面资料(包括施工图)送甲方备查;对验收中甲方提出的意见,应根据设计要求和合同内容认真处理,如果涉及费用,应请甲方签证,列入工程结算。

(3)及时办理工程结算。

(4)工程中为防止遗漏,在办理工程结算以前,要求项目预算员进行一次认真全面的核对。

(5)在工程保修期间,应由项目经理指定保修责任者,并责成保修责任者根据实际情况提出保修计划(包括费用计划),以此作为控制保修费用的依据。

二、工程成本控制的人员职责

1. 施工技术和计划部门及职能人员

(1)根据实施性施工组织设计的进度安排以及业主的要求,合理安排施工计划,及时下达施工任务单,科学地组织、动态地管理施工。及时组织验收结算,收回工程款,保证施工所用资金的周转,避免业主拨款不及时,占用施工企业资金的情况。

(2)根据业主工程价款的到位情况组织施工,避免垫付资金施工。

2. 材料、设备部门及职能人员

(1)控制材料、构配件的储备量,处理超储积压的材料、构配件。这样可以盘活储备资金,加速流动资金的周转。

(2)控制材料、构配件的采购成本。如尽量就地取材,选择最经济的运输方式和最低费用的包装,尽量做到采购的材料、构配件直接进入施工现场,减少中间环节和业务提成。

(3)控制材料、构配件的质量。坚持做到"三证"不全不入施工现场和仓库,确保材料、构配件的质量,同时减少不合格品的数量。

(4)坚持限额领发料、退料制度,达到控制材料超消耗的目的。

3. 财务部门及职能人员

(1)控制间接成本,按照制定的间接成本使用计划执行。特别是财务费用及责任中心不可控的成本费用,如管理费、固定资产大修理费、税金、提取的工会经费、劳动保险费、失业保险费、机械进退场费等。施工项目成本应承担的财务费用主要是为项目筹集和使用资金而发生的利息支出和金融机构手续费,应积极调剂资金的余缺,减少利息的支出。

(2)严格控制其他应收款、预付款的支付手续,如购买材料、构配件、分包工程等预付款。应做到手续完善,有支付依据,预付款有对方开户银行出具的资信证明,预付款不得超过合同价款,超过的应由经理部领导集体研究确定。

(3)其他费用的控制按照规定的标准、定额执行。

(4)对分包商、施工队支付工程价款时,应手续齐全,必须有技术部门及计划部门验工计价单,并经项目经理签字方可付款。

4. **其他部门及职能人员**

其他部门及职能人员，根据分工不同严格控制施工成本，如安全质量管理部门及职能人员必须做到质量安全、不出大事故，对临时工应严格管理控制其发生的工费等。

5. **施工队(含机械作业队)**

施工队(含机械作业队)主要控制施工项目的人工费、材料费、机械使用费以及其他可控的间接成本。

6. **施工班组(含机组)**

施工队(含机械作业队)的班组(含机组)主要是控制人工费、材料费和机械使用费。要求严格遵守限额领料和退料手续，加强劳动管理，避免窝工、返工，从而提高劳动效率。机组还应严格控制燃料、动力费和经常修理费，坚持机械的维修保养制度，保持设备的完好率、利用率和出勤率，达到提高机械设备使用效率的目的。

三、工程成本控制的要求

(1)控制生产要素的采购价格，要按照计划成本目标值来控制生产要素的采购价格，并认真做好材料、设备进场数量和质量的检查、验收与保管。

(2)控制生产要素的利用效率和消耗定额，要控制生产要素的利用效率和消耗定额，如任务单管理、限额领料、验工报告审核等。

(3)控制引起成本增加的其他因素，如工程变更等所引起成本增加的其他因素。

(4)健全工程项目财务管理制度，承包人必须有一套健全的项目财务管理制度，按规定的权限和程序对项目资金的使用和费用的结算支付进行审核、审批，使其成为项目成本控制的一个重要手段。

(5)增强员工的成本意识和控制能力，加强对员工的成本意识和控制能力培训，并把项目成本管理责任制度与对员工的激励机制结合起来，以增强管理人员的成本管理水平。

(6)做好成本风险的分析和预控，同时还要做好不可预见成本风险的分析和预控，包括编制相应的应急措施等。

四、工程成本控制的组织系统

工程成本控制的组织系统是工程项目成本控制的责任主体。项目成本控制责任体系应包括两个层次。

1. **企业组织管理层**

企业组织管理层负责项目全面成本管理的决策，确定项目的合同价格和成本计划，确定项目管理层的成本目标，以及除生产成本外的经营管理费用。它是以可控成本为对象，以预算管理、定额管理、财务管理、会计核算等管理方法为手段，通过确定目标成本和目标利润，对企业发生的成本、费用进行控制。

企业组织管理层的成本管理工作是一项较复杂的系统管理工程，是企业财务、预算、过程等项管理的有机结合，更是企业管理工作的重要组成部分。由责任成本过程的持续性和管理过程的复杂性形成了责任成本管理体系，它包括划分责任中心确定可控范围；规定责任、明确职权和经济利益；编制责任预算；进行责任控制；计量和验收任务量；归集责任成本、计量责任盈亏；进行责任成本核算；考核和评价责任成果、兑现经济利益等。组织管理层的成本管理除生产成本以外，还包括经营管理费用。组织管理层的成本管理贯穿于项目投标报价、实施和结算过程，体现效益中心的管理职能。

2. 项目经理部

项目经理部负责项目成本的管理，实施成本控制，实现项目管理目标责任书中的成本目标。项目经理部的成本管理责任制应包括项目经理负责制，合同预算员责任制，工程技术人员，材料及机械管理人员，财务及行政管理人员成本控制责任制。

(1)项目经理

项目经理全面负责项目成本控制工作，是项目成本控制的责任中心。负责项目成本的预测、目标成本、成本控制实施、成本核算、成本分析、考核等工作。

(2)合同预算员

合同预算员的具体工作如下：

① 根据合同内容、预算定额和有关规定，充分利用有利因素，编好施工图预算。

② 深入研究合同规定的"开口"项目，在有关管理人员的配合下，努力增加工程收入。

③ 收集工程变更资料，及时办理增加账，保证工程收入，及时归回垫付的资金。

④ 参加对外经济合同的谈判与决策，以施工图预算和增加账为依据，严格经济合同的数量、单价和金额，切实做到"以收定支"。

(3)工程技术人员

工程技术人员的具体工作如下：

① 根据施工现场的实际情况，合理规划施工现场平面布置，为文明施工，减少浪费创造条件。

② 严格执行工程技术规定和预防为主的方针，确保工程质量，减少零星修补，消灭质量事故，不断降低质量成本。

③ 根据工程特点和设计要求，运用自身的技术优势，采取实用、有效的技术组织措施和合理化建议。

④ 严格执行安全操作规定，减少一般安全事故，消灭重大人身伤亡事故和设备事故，确保安全生产。

(4)材料人员

材料人员的具体工作如下：

① 材料采购和构件加工，要选择质高、价低、运距短的供应(加工)单位。对到场的材料、构件要正确计量、认真验收，如遇质量差、量不足的情况，要进行索赔，切实做到：一要降低采购(加工)成本；二要减少采购(加工)过程中的管理损耗。

② 根据项目施工的计划进度，及时组织材料、构件的供应，保证项目施工的顺利进行，防止因停工待料造成的损失。在构件加工的过程中，要按照施工的顺序组织配料供应，以免

因规格不齐造成施工间隙，浪费时间、人力。

③ 在施工过程中，严格执行限额领料制度，控制材料消耗；同时，还要做好余料回收和利用，为考核材料实际消耗水平提供正确的依据。

④ 钢管脚手和钢模板等周转材料，进出现场都要认真清点，正确核实并减少赔偿数量；使用后，要及时回收、整理、堆放，并及时退场，既可节省租费，又有利于场地整洁，还可加速周转，提高利用效率。

⑤ 根据施工生产的需要，合理安排材料储备，减少资金的占用，提高资金的利用效率。

(5)机械管理人员

机械管理人员的具体工作如下：

① 根据工程特点和施工方案合理选择机械的型号规格，充分发挥机械的效能，节约机械费用。

② 根据施工需求，合理安排机械施工，提高机械利用率，减少机械费成本。

③ 严格执行机械维修保养制度，加强平时的机械维修保养，保证机械完好。

(6)行政管理人员

行政管理人员的具体工作如下：

① 根据施工生产的需要和项目经理的意圈，合理安排项目管理人员和后勤服务人员，节的工资性支出。

② 具体执行费用开支标准和有关财务制度，控制生产性开支。

③ 管好行政办公用的财产物资，防止损失和流失。

④ 安排好生活后勤服务，在勤位节的前提下，满足职工群众的生活需要，安心为前方生产出力。

(7)财务成本员

财务成本员的具体工作如下：

① 按照成本开支范围、费用开支标准和有关财务制度，严格审核各项成本费用，控制成本支出。

② 建立月度财务收支计划制度，根据施工生产的需要，平衡调度资金，通过控制资金使用，达到控制成本的目的。

③ 建立辅助记录，及时向项目经理和有关项目管理人员反馈信息，以便对资源消耗进行有效控制。

④ 开展成本分析，特别是分部分项工程成本分析、月度综合分析和针对特定的专题分析。要做到及时向项目经理和有关项目管理人员反映情况，找出问题和解决问题的建议，以便采取针对性的措施来纠正项目成本的偏差。

⑤ 在项目经理的领导下，协助项目经理检查、考核各部门、各单位乃至班组责任成本的执行情况，落实责、权、利相结合的有关规定。

第四节　建设工程成本控制的方法

成本控制要求在整个项目的实施过程中,定期性的、经常性的收集项目的实际成本数据,进行成本的计划值(目标值)和实际值的动态比较分析,包括总目标和分目标等多层次的比较分析。并进行成本预测,如果发现偏差,则及时采取纠偏措施——包括经济、技术、合同、组织管理等综合措施,以使项目的成本目标尽可能好地实现。

工程成本控制基本方法很多,如企业定额控制法、企业成本指标控制法、类似工程对比分析法、价值工程和赢得值法等。其中价值工程和赢得值法是较为有效的方法。用价值工程控制成本的核心目的是合理处理成本与功能的关系,应保证在确保功能的前提下的成本降低。

成本控制的方法,是企业或项目进行成本控制的手段,是能否顺利进行成本控制的关键。随着市场经济的发展和科学技术的进步,成本控制的方法也在不断改进和发展,逐步完善和提高,形成了一个比较完善的科学方法体系。

一、制度控制

在施工经营活动中,为了有效地控制施工费用的支出,防止损失和浪费,应建立和健全对施工费用进行控制的制度。按照施工费用类别的不同,总结目前企业成本控制制度中的措施有以下几类:

(1)在人工费方面。引进市场竞争机制,在选择劳务队伍时,宜实行内部招投标制度,从质量、安全、资金实力、取费标准等方面进行优选;以合同的形式明确责权利,将劳务队伍与企业结成利益共享、风险共担的共同体,建立严格的合同管理制度,即根据定额准确估工,建立严格的计时工或计件工监控制度,认真推行全额成本制,对各子项采取“一项包死”的原则,防止重复计工、多计或冒计。

(2)在材料费方面。引进材料采购指标制度,材料价格的合理和质量的可靠;在实际施工中,建立严格的材料采购、验收把关制度,应保证执行严格的限额领料制度,依据准确的工程量和正确的材料耗用定额对日常材料的领用进行控制,并建立定额耗用量与实际耗用量的对比,总结材料节超原因,提高材料管理水平;对余料、边角料等也应建立合理的回收利用制度;对于损耗快、用量大的劳保用品、工具、器具,应建立一定的维护赔偿制度。

(3)在机械费方面。应建立机械器具的维护保养制度;应建立科学的机械调动制度。

(4)在施工管理费方面。财务部门要控制好期间费用:项目班子应做好管理班子建设,提高施工管理业务水平,以优化的技术组织措施为实现成本目标奠定基础。

(5)财务管理是整个企业管理的核心之一,也是项目成本控制的核心。建立健全财务管理制度,提高财务人员业务素质和职业道德水平,是提高项目成本控制水平的重要环节之一。

二、定额控制

为了控制施工费用的支出，企业主管部门应根据国家颁发的《建筑安装工程统一劳动定额》等规定，结合现行质量标准，安全操作规程，施工条件及历史资料，制订符合企业情况的《建筑安装工程施工定额》。具体规定劳动定额，材料消耗定额，机械台班定额和施工管理费定额，作为编制施工预算和施工组织设计，签发施工任务书，控制和考核工效及材料消耗，实现实际施工费用控制的依据。

1. 劳动定额

劳动定额也称人工定额，它是指在正常施工技术条件和合理劳动组织条件下，为劳动者生产一定量的合格品或完成一定量的工作所预先规定的活劳动消耗量的标准。劳动定额是施工定额的主要内容，主要表示生产效率的高低，劳动力的合理运用，劳动力和产品的关系以及劳动力的配备情况。

劳动定额按其表现形式的不同，分为时间定额和产量定额。时间定额就是生产单位产品或完成一项工作所必需消耗的工时；产量定额就是单位时间内必须完成的产品数量或工作量。因此，劳动定额也可以表述为，在正常施工技术条件和合理劳动组织条件下为生产单位合格产品所需要消耗的工作时间，或在一定的工作时间中必须生产合格产品数量标准。

2. 材料消耗定额

材料消耗定额是指在合理和节约使用材料的前提下，生产单位合格产品所必须消耗的建筑材料（半成品、配件、燃料、水、电）的数量标准，包括材料的使用量和必要的工艺性损耗及废料数量。制定材料消耗定额，主要就是为了利用定额这个经济杠杆，对物资消耗进行控制和监督，达到降低物耗和工程成本的目的。

3. 机械台班定额

机械台班定额又称机械台班使用定额，是指在正常的施工、合理的劳动组合和合理使用施工机械的条件下，生产单位合格产品所必需的一定品种、规格施工机械作业时间的消耗标准。机械台班定额以台班为单位，每一台班按8小时计算。

机械台班定额的表达形式，有时间定额和产量定额两种。机械时间定额是指在正常的施工条件下，某种机械生产合格单位产品所必须消耗的台班数量。机械台班产量定额是指某种机械在合理的施工组织和正常施工的条件下，单位时间内完成合格产品的数量。

施工定额应制订得合理，能反映平均先进水平，既要看到目前水平，又要充分估计广大职工的积极性。如果定额定得偏低，成本控制就会失去意义。反之，脱离实际，要求过高，就会使职工丧失信心。并且，随着科学技术的进步和施工组织管理水平及其他条件的变化，定额也应进行及时的修订。

三、指标控制

建筑企业为了促使不断改善经营管理，降低工程成本，提高经济效益，都要下达工程成本降低指标。降低成本的指标一般包括两个：降低率和降低额。其具体计算公式如下：

$$成本降低额=预算成本-实际成本 \tag{4-14}$$

$$成本降低率=\frac{成本降低额}{预算成本}\times 100\% \tag{4-15}$$

建筑企业或项目部应根据上级下达的降低成本额，结合自身的具体条件，挖掘潜力，制订自己的成本计划，确保完成或超额完成成本任务。成本降低率是一个综合反映实际成本比预算成本降低程度的指标，它可以一目了然地看出成本水平和成本降低任务的大小。因此，在制订成本计划和进行日常成本分析时，应考虑这两个指标的效果。

四、价值工程

1. 价值工程的起源

第二次世界大战期间，美国通用电气公司依据美国《消防法》规定，需将具有防污、防火功能的石棉板铺在地板上以避免给产品喷刷涂料的时候玷污地板，引起火灾。美国通用电气公司负责物资采购工作的工程师麦尔斯(L. D. Miles)为美国通用电气公司采购石棉板的过程中，遇到美国因受战争影响，物质供应包括石棉板供应紧张，价格昂贵的问题，这促使麦尔斯思考了一系列问题："买石棉板干什么？""石棉板的功能是什么？""还有没有与石棉板具有同样功能的其他材料呢？"，并由此对石棉板的功能进行分析研究，寻找与石棉板具有相同或相近功能，且货源充足、价格较低的材料作为替代品。麦尔斯最终找到了一种具有同样防污、防火功能、货源充足且价格只有石棉板价格的四分之一的、消防部门认可的纸。这样在保证产品同样必要功能前提下，降低了生产成本，提高了公司的经济效益。1947 年，麦尔斯(L. D. Miles)提出了"价值分析(Value Analysis)"的观点，即现在所称的价值工程(Value Engineering，简称 VE)。

2. 价值工程的概念

价值工程(Value Engineering，简称 VE)，又称价值分析(Value Analysis，简称 VA)，是以提高产品(或作业)价值和有效利用资源为目的，通过有组织的创造性工作，以功能分析为核心，寻求用最低的寿命周期成本可靠地实现产品的必要功能，以获得最佳综合效益的一种管理技术。价值工程是通过对产品功能的分析，正确处理功能与成本之间的关系来节约资源、降低产品成本的一种有效方法。

用价值工程控制成本的核心目的是合理处理成本与功能的关系(性价比)，保证在确保功能的前提下能降低成本。价值工程涉及价值、功能和全寿命周期成本等 3 个基本要素。

(1)价值(value)

价值工程中所说的"价值"有其特定的含义，是一种"评价事物有益程度的尺度"。价值高说明该事物的有益程度高、效益大、好处多；价值低则说明有益程度低、效益差、好处少。因此，在价值工程中，价值可定义为产品(或作业)所具有的功能与获得该功能所付出成本的比值。其计算公式为：

$$价值=\frac{功能}{成本}，\quad 即\quad V=\frac{F}{C} \tag{4-16}$$

式中：V——产品的价值(value)；

F——产品所具有的功能(function)；

C——用户获得该功能所付出成本(Cost)。

价值工程中的价值是评价事物有效程度的一种尺度，是比较价值，不是产品的使用价值，或交换价值，产品所具有的功能和用户获得该功能所付出成本决定产品价值的大小。价值的大小反映有效利用资源的程度。

(2)功能(function)

功能是指功能就是功用、效用，即产品(或作业)能满足某种需求的一种属性，也就是产品所具有的特定用途。具体来说功能就是用户在使用过程中需求得到的满足即效用。

价值工程中的功能，一般是指必要功能。通过功能分析和方案创新，剔除或削弱不必要功能，补充不足功能，使产品的功能构成更加合理，并降低成本，以提高价值。

(3)全寿命周期成本(life cycle cost)

全寿命周期成本是指产品从研发、设计、制造、使用，直到报废为止的全寿命周期过程的生产成本和使用成本之和。生产成本是指产品从研发到销售过程中所产生的费用。使用成本是指用户在使用过程中发生的人工、能源和维修费用。

因此，全寿命周期成本＝生产成本＋使用成本，即：

$$C = C_1 + C_2 \tag{4-17}$$

式中：C_1——生产成本；

C_2——使用成本。

工程项目全寿命周期成本通常又划分为项目建设期成本和使用期成本。建设项目的全寿命周期及其成本如图 4－2 所示。

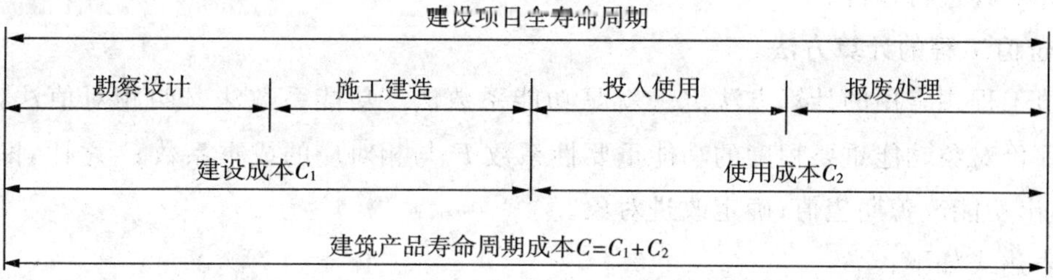

图 4－2　全寿命周期与全寿命周期成本关系图

3. 提高价值的途径

寻求产品功能与成本的最佳结合，提高产品价值，这是价值工程的目的。根据价值的含义及其表达式，提高价值有以下五种途径：

(1)在提高产品功能的同时，又降低产品成本，这是提高价值最理想的途径，此时价值能得到大幅度提高；

(2)保持产品功能不变的前提下，通过降低成本达到提高产品价值的目的；

(3)在产品成本不变的条件下，通过提高产品功能，达到提高产品价值的目的；

(4)在产品功能略有下降、产品成本大幅度降低的情况下，也可达到提高产品价值的目的；

(5)产品功能有较大幅度的提高，产品成本有较少提高，从而提高价值。

具体见表 4-3。

表 4-3 提高产品价值的途径

序号	成本(C)	功能(F)	价值(V)
1	不变	提高	提高
2	降低	不变	提高
3	降低	提高	大幅度提高
4	大幅度降低	略有降低	提高
5	略有提高	大幅度提高	提高

4. 价值工程的实施程序

价值工程的工作程序通常分为分析问题，综合研究，方案评价三个阶段。但是对象选择、功能分析、功能评价和方案创新与评价是工作程序的关键内容，体现了价值工程的基本原理和思想，是不可缺少的。

价值工程的实施程序如下图 8-3 所示。其中，价值工程的准备阶段，主要工作是选定对象、搜集资料；价值工程的分析阶段，主要工作是对对象进行功能成本分析；价值工程的创新阶段，主要工作是提出改进方案并对其进行分析；价值工程的实施阶段，主要工作是实施新方案并对其进行评价。

5. 价值工程的计算方法

价值工程中常用的计算方法之一就是功能系数法。功能系数法又叫相对值法，它是求出表示评价对象功能重要程度的功能重要性系数 F_j 与相对应的成本系数 C_j 之比，即价值系数；计算出功能改善期望值；确定改进对象。

其表达式如下：

$$V_j=\frac{F_j}{C_j} \tag{4-18}$$

式中：V_j——评价对象 j 的价值系数；

F_j——评价对象 j 的功能重要性系数；

C_j——评价对象 j 的成本系数。

例 4-1 某项目有四个方案，通过测算和分析，四个方案的功能得分和单方造价见表 4-4，应选择哪个方案？

表 4-4　各方案的功能得分和单方造价表

方案	功能得分	单方造价(元/m^2)
甲	98	2500
乙	96	2700
丙	99	2600
丁	94	2450

解:先分别计算出甲方案的功能系数、成本系数,然后得出甲方案的价值系数

甲:功能系数 $F=98/(98+96+99+94)=0.253$

成本系数 $C=2500/(2500+2700+2600+2450)=0.244$

价值系数 $=0.253/0.244=1.04$

同样算出,乙为 0.94,丙为 1.01,丁为 1.02,由于甲方案的价值系数最高,应优选甲方案。

五、赢得值法

赢得值法(Earned Value Management),又称为挣值法或者偏差分析法,是一种能全面衡量工程进度、成本状况的整体方法。其基本要素是用货币量代替工程量来测量工程的进度,它不以投入资金的多少来反映工程的进度,而是以资金已经转化为工程成果的量来衡量,是一种完整和有效的工程项目监控指标和方法。它的独特之处在于将成本和进度统一起来考虑,是项目成本/进度控制系统的重要组成部分。这种方法之所以叫挣值法是因为它使用到一个关键要素——挣值,也称为实际完成工作预算成本。

1. 赢值法的相关参数

(1)BCWS(budgeted cost of the work scheduled)计划完成工作预算成本,是指根据进度计划,在某一时刻应当完成的工作(或部分工作),以预算为标准所需要的资金总额。一般来说,除非合同有变更,计划工作预算费用在工程实施过程中应保持不变。

(2)BCWP(budgeted cost of the work performed)实际完成工作预算成本(即赢得值),是指在某一个时刻内已经完成的工作,以批准认可的预算为标准所需要的资金总额,由于业主是根据这个值作为承包人完成的工作量支付相应的费用,也就是承包人获得(挣得)的金额,故称为赢得值或挣值。

(3)ACWP(actual cost of the work performed)实际完成工作实际成本,是指到某一时刻为止,已经完成的工作所实际花费的总金额。

2. 常见的计算评价指标

(1)成本偏差(cost variance ,CV),计算公式为:

$$CV=BCWP-ACWP \tag{4-19}$$

结果为负值，表示预算超支；反之，说明预算节约。

(2)进度偏差(schedule variance ，SV)，计算公式为：

$$SV=BCWP-BCWS \tag{4-20}$$

结果为负值，表示进度拖后；反之，说明进度提前。

(3)成本效果执行指数(cost performed index，CPI)，计算公式为

$$CPI=BCWP/ACWP \tag{4-21}$$

结果小于1，表示预算超支，工作效果差；反之，说明工作效果好。

(4)进度效果执行指数(schedule performed index，SPI)，计算公式为

$$SPI=BCWP/BCWS \tag{4-22}$$

结果小于1，表示进度落后，工作效果差；反之，说明工作效果好。

(5)项目完成时成本差异(VAC)，计算公式为

$$VAC=BAC-EAC \tag{4-23}$$

式中：BAC表示项目完成预算成本；EAC表示项目完成预测成本。

结果为负值，表示项目任务执行效果不佳，预算超支；反之，说明预算节约。

如图4-3所示，X轴为时间，Y轴为费用。BCWS线根据施工组织设计的进度计划，按(进度计划工程量×目标预算成本/工程中标造价)绘制；BCWP线根据施工过程逐月完成的工作量，按(逐月完成工程量×目标预算成本/工程中标造价)绘制；ACWP线根据施工过程逐月成本支出绘制。

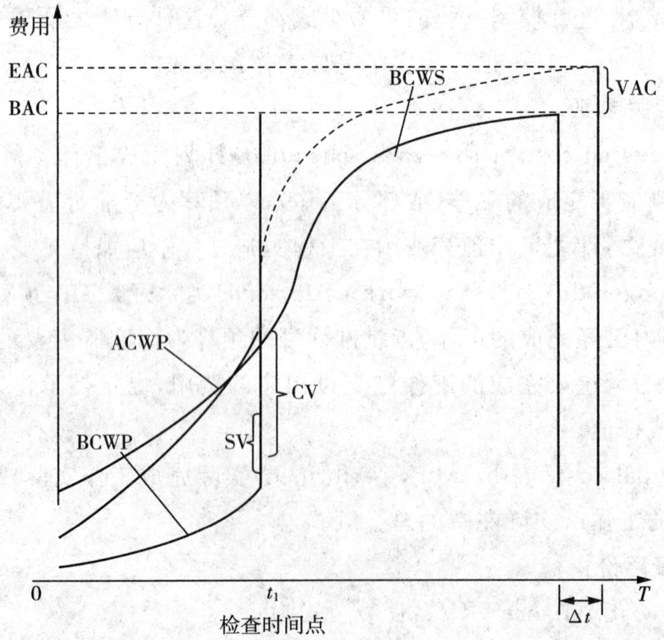

图4-3　建设工程项目投资控制挣值法原理

注:(1)在时间 0 点上,能得到的参数数据只有 BCWS;

(2)检查时间点一定是在建设工程项目已完成的时间段内确定;

(3)在检查时间点,能得到 ACWP、BCWS、BCWP 三个参数,因此,可进一步得到 CV 和 SV;

(4)在检查时间点,我们可以结合 ACWP 已发生的数据和检查时间点之后的 BCWS 发展趋势对 ACWP 作预测,预测线如图中虚线所示;

(5)Δt 是在检查时间点通过对 ACWP 预测后,对比原累积预算曲线 BCWS 完成工期后得到的总工期差别。**例 4-2** 某工程项目,1 月份开工,5 月末实际发生的费用为 100 万元,5 月份到 10 月份实际发生的费用为 35 万元,到 10 月份末实际完成工程的预算费用为 150 万元,计划工作的预算费用为 145 万元。计算 CV、SV、CPI、SPI 值,并评价项目的实施效果。

解:已完工作计划成本 BCWP=150 万元

已完工作实际成本 ACWP=135 万元

计划工作预算成本 BCWS=145 万元

CV=BCWP-ACWP=15 万元

SV=BCWP-BCWS=5 万元

CPI=BCWP/ACWP=150/135≈1.11>1

SPI=BCWP/BCWS=150/145≈1.03>1

所以,此项目成本节约了 15 万元,进度超前了 5 万元,绩效指数均大于 1,项目的成本控制执行效果良好。

本章小结

本章是建设工程成本计划与控制的重要环节。在本章里,主要探讨了工程项目成本控制的理论、方法和内容。关于工程项目成本控制,本章第一节重点阐述了工程成本控制的概念、意义和原则。第二节着重描述了工程成本控制的依据和程序。第三节对工程成本控制的内容、人员职责、要求以及组织系统进行了介绍。最后,详细阐述了工程成本控制的基本方法,重点介绍了价值工程和赢得值法。

复习思考题

1. 开展价值工程活动通常分为准备、分析、创新和实施 4 个阶段。其中准备阶段主要应回答的问题是(　　)

A. 价值工程的对象是什么

B. 价值工程对象的用途是什么

C. 提高价值是否有替代方案

D. 提高价值的方案成本是多少

2. 下面关于功能与成本的论述中，正确的有(　　)

A. 价值工程中的成本就是生产成本，它随着产品功能的增加而提高

B. 价值工程中的成本是指产品寿命周期成本，产品功能水平越低，该项成本越低

C. 价值工程从研究用户的角度出发，力求使用户以最低的使用成本满足产品必要的功能

D. 寿命周期成本最低时，产品功能水平最佳

3. 价值工程的目标体现为(　　)

A. 产品功能的改进　　　　B. 产品价值的提高

C. 产品技术的创新　　　　D. 产品成本的下降

4. 价值工程的核心是(　　)

A. 功能分析　　B. 成本分析　　C. 费用分析　　D. 价格分析

5. 某公司打算采用甲工艺进行施工，但经广泛的市场调研和技术论证后，决定用乙工艺代替甲工艺，并达到了同样的施工质量，且成本降低了 20%，根据价值工程原理，该公司采用了(　　)途径提高价值。

A. 功能提高，成本降低

B. 功能不变，成本降低

C. 成本与功能都降低，但成本降低幅度更大

D. 功能提高，成本不变

6. 施工成本管理的任务主要有六项，首先是成本预测，其次是成本计划，成本计划后的紧后工作应为(　　)

A. 成本分析　　B. 成本控制　　C. 成本核算　　D. 成本考核

7. 贯穿于施工项目从投标阶段直至项目竣工验收阶段全过程，并且是企业全面成本管理的重要环节的是(　　)

A. 成本预测　　B. 成本控制　　C. 成本核算　　D. 成本考核

8. 施工成本偏差的正确的关系式为(　　)

A. 已完工程实际施工成本－已完工程计划施工成本

B. 已完工程实际施工成本－拟完工程计划施工成本

C. 已完工程计划施工成本－拟完工程计划施工成本

D. 已完工程实际施工成本－拟完工程实际施工成本

9. 用施工成本表示的成本进度偏差，正确的关系式为(　　)

A. 拟完工程计划施工成本－已完工程计划施工成本

B. 已完工程实际施工成本－拟完工程计划施工成本

C. 已完工程实际施工成本－拟完工程实际施工成本

D. 已完工程实际施工成本－已完工程计划施工成本

10. 某项目进行成本偏差分析，结果为：已完工程实际施工成本－已完工程计划施工成本＞0；拟完工程计划施工成本－已完工程计划施工成本＜0。则说明（　　）

A. 成本超支，进度提前　　B. 成本节约，进度提前

C. 成本超支，进度拖后　　D. 成本节约，进度拖后

11. 某公司打算采用甲工艺进行施工，但经广泛的市场调研和技术论证后，决定用乙工艺代替甲工艺，并达到了同样的施工质量，且成本降低了20%，根据价值工程原理，该公司采用了（　　）途径提高价值。

A. 功能提高，成本降低

B. 功能不变，成本降低

C. 成本与功能都降低，但成本降低幅度更大

D. 功能提高，成本不变

12. 下列能够作为施工成本控制的依据的是（　　）

A. 施工组织设计　B. 施工成本计划　C. 进度报告　D. 工程变更

E. 工程量清单

13. 开展价值工程活动通常分为准备、分析、创新和实施4个阶段。其中分析阶段主要应回答的问题是（　　）

A. 价值工程的对象是什么　　B. 价值工程对象的用途是什么

C. 提高价值是否有替代方案　　D. 提高价值的方案成本是多少

14. 某项目结构现浇混凝土计划为1500m^3，使用商品混凝土。实际浇注工程量为1600m^3，计划损耗量2%，实际供应量1656m^3，计划价格280元/m^3，实际价格300元/m^3。试：计算成本偏差，成本进度偏差，成本进度偏差程度。

15. 某工程有4个设计方案，方案一的功能系数为0.61，成本系数为0.55；方案二的功能系数为0.63，成本系数为0.6；方案三的功能系数为0.62，成本系数为0.57；方案四的功能系数为0.64，成本系数为0.56。根据价值工程原理确定的最优方案是哪一个？

16. 运用价值工程优选设计方案，分析计算结果为：甲方案单方造价1500元，功能系数为1.13；乙方案单方造价1550元，功能系数1.25；丙方案单方造价1300元，功能系数0.89；丁方案单方造价1320元，功能系数1.08。则最佳方案为是哪一个？

第五章 建设工程成本核算

【学习重点与目标】

1. 了解工程项目成本核算对象的确定；
2. 掌握工程项目成本核算项目；
3. 熟悉工程项目成本核算的基本假定与原则；
4. 掌握工程项目成本核算的程序和内容。

第一节 建设工程成本核算概述

一、建设工程成本核算的概念

建设工程成本核算是在项目施工条件下诞生的，是企业探索适合行业特点管理方式的一个重要体现。建设工程成本核算体系是以工程项目为对象，为施工生产过程中各项耗费进行的一系列科学管理活动。

二、建设工程成本核算的基本假定与原则

1. 建设工程成本核算的基本假定

所谓成本核算的基本假定，就是指为正常组织成本核算，对经济活动中某些不确定的因素或状态，事先做出的逻辑性推理判断和理论上的认定。离开了成本核算的基本假定，成本信息就难以产生，更无法确认企业的损益状况。因此，在这些基本假定的基础上，建立相应的资产估价和费用汇集与分配方法，对于选择合理的成本核算方法，统一对成本真实性的认识，保证成本核算的正确性有着重要的作用。

成本核算的基本假定主要包括以下内容。

(1)资金耗费与价值补偿持续性假定

此假定是指在企业持续经营的条件下，通过投入生产要素，发生资金耗费所产生的生

产经营成果的价值，能够在交换中得以实现，从而使发生的资金耗费在相关期间获得足额价值补偿，这一过程将不间断地继续进行下去。除特殊情况外，一般不考虑企业被兼并或破产等因素。这一假定的目的在于给企业成本核算中涉及的财产估价和费用摊配设定一个前提。

(2)成本核算期间假定

此假定是指按企业生产特点和成本管理要求，确定企业成本核算的时间段落，并认定在该期间内，每单位生产经营成果的成本是相等的。对于生产周期较长、投入产出过程明确的产品，则应以产品的生产周期为成本核算期，以求尽可能正确地反映产品的实际成本。

(3)材料物资计价假定

此假定是指对于生产经营活动消耗的各种材料物资，按《企业会计准则》规定的计价方法，结合企业实际情况，确定某种计价标准，并认定按此标准所计量的材料物资耗费是真实的。

(4)固定资产使用期及净残值假定

此假定是指固定资产的原值扣减预计净残值(预计残值减预计清理费的余额)后的价值，能够在固定资产预计使用年限之内，分期计入企业成本之中，并认为这种计入成本的固定资产折旧费，真实地反映了固定资产价值转移情况，在预计使用年限期满之时，固定资产价值能够得到足额补偿。

(5)在产品成本估价假定

此假定是指在按月度组织成本核算，且期末存在在产品的情况下，在本期完工产品与期末在产品之间分配生产费用，所采用的分配标准符合在产品成本计价要求，并认为按此分配标准计算的在产品成本是真实的。

2. 建设工程成本核算的原则

为了发挥工程项目成本管理职能，提高工程项目管理水平，工程项目成本核算就必须讲求质量，才能提供对决策有用的成本信息。要提高成本核算质量，除了建立合理、可行的工程项目成本管理系统之外，很重要的一点就是要遵循成本核算的原则。成本核算的原则主要有以下几条：

(1)权责发生制

《企业会计准则——基本准则》第九条规定，“企业应当以权责发生制为基础进行会计确认、计量和报告。”

权责发生制原则是指在收入和费用实际发生时进行确认，不必等到实际收到现金或者支付现金时才确认。凡在当期取得的收入或者当期应当负担的费用，不论款项是否已经收付，都应作为当期的收入或费用；凡是不属于当期的收入或费用，即使款项已经在当期收到或已经在当期支付，都不能作为当期的收入或费用。权责发生制原则主要是从入账时间上确定成本确认的基础，其核心是依据权责关系的发生和影响期间来确认工程项目的成本。根据权责发生制原则进行收入和成本费用的核算，才能真实地反映特定会计期间的财务成本状况和经营成果。

(2)可靠性

《企业会计准则——基本准则》第十二条规定,“企业应当以实际发生的交易或者事项为依据进行确认、计量和报告,如实反映符合确认和计量要求的各项会计要素及其他相关信息,保证会计信息真实可靠、内容完整。”

可靠性原则是对成本核算工作的基本要求,它要求成本核算以实际发生的支出及证明支出发生的合法凭证为依据,按一定的标准和范围加以认定和记录,做到内容真实、数字准确、资料可靠。如果成本信息不能真实反映工程项目成本的实际情况,成本核算工作就失去了存在的意义,甚至会误导成本信息使用者,导致有关决策的失误。根据可靠性原则,成本核算应当真实反映工程项目的工程成本,保证成本信息的真实性,成本信息应当能够经受验证,以核实其是否真实、可靠。

(3)相关性

《企业会计准则——基本准则》第十三条规定,“企业提供的会计信息应当与投资者等财务报告使用者的经济决策需要相关,有助于投资者等财务报告使用者对企业过去、现在或者未来的情况作出评价或者预测。”

工程项目成本核算是为工程项目成本管理服务的,其提供的成本信息应与决策有关,有助于决策,如果提供的成本信息对决策并没有什么作用,就不具有相关性。可见评价成本信息质量的标准除了看是否可靠客观,还要看所提供的信息是否能满足有关方面的信息需要。相关性原则要求成本核算工作在搜集、加工、处理和提供成本信息的过程中,应考虑各方面的信息需要,要能够满足各方面具有共性的信息需求。

(4)可理解性

《企业会计准则——基本准则》第十四条规定,“可理解性要求企业提供的会计信息应当清晰明了,便于投资者等财务报告使用者理解和使用。”

可理解性原则要求有关工程项目成本核算的会计记录和会计信息必须清晰、简明,便于理解和使用。成本信息应当简明、易懂,能够简单明了地反映工程项目的成本情况,从而有助于成本信息的使用者正确理解、准确掌握工程成本。这就要求在成本核算过程中,做到会计记录准确、清晰,填制会计凭证、登记会计账簿依据合法,账户对应关系清楚,文字摘要完整等。

(5)可比性

《企业会计准则——基本准则》第十五条规定,“可比性要求企业提供的会计信息应当相互可比。同一企业不同时期发生的相同或者相似的交易或者事项,应当采用一致的会计政策,不得随意变更。确需变更的,应当在附注中说明。不同企业发生的相同或者相似的交易或者事项,应当采用规定的会计政策,确保会计信息口径一致、相互可比。”工程项目可能处于不同地区,施工活动发生于不同时期,为了保证成本信息能够满足决策的需要,便于比较不同工程项目的成本情况和成本管理水平,只要是同样的经济业务,就应当采用同样的成本核算方法和程序。根据可比性原则,国家统一的会计制度应当尽量减少企业选择有关成本核算的会计政策的余地，同时要求企业严格按照国家统一的会计制度的规定，选择有关成本核算的会计政策。

(6)实质重于形式

《企业会计准则基本准则》第十六条规定，“实质重于形式要求企业应当按照交易或者事项的经济实质进行会计确认、计量和报告，不仅仅以交易或者事项的法律形式为依据。”

企业发生的交易或事项在多数情况下其经济实质和法律形式是一致的，但在有些情况下也会出现不一致。例如，按建筑材料采购合同的约定，施工企业支付了材料款，材料已经运抵施工现场，如果尚未安装、使用或耗用，则没有形成工程实体，不得计入工程项目成本。再如，按分包合同的约定，总承包商在分包工程的工作量完成之前预付给分包商的款项，虽然是总承包商的一项资金支出，但是该项支出并没有形成相应的工作量，因此总承包商不应将这部分支出计入累计实际发生的施工成本。

(7)重要性

《企业会计准则——基本准则》第十七条规定，“重要性要求企业提供的会计信息应当反映与企业财务状况、经营成果和现金流量有关的所有重要交易或者事项。”重要性原则要求对于成本有重大影响的经济业务，应作为成本核算的重点，力求精确，而对于那些不太重要、琐碎的经济业务，可以相对从简处理，不要事无巨细均做详细核算。坚持重要性原则能够使工程项目的成本核算在全面的基础上保证重点，有助于加强对经济活动和经营决策有重大影响和有重要意义的关键性问题的核算，达到事半功倍，简化核算，节约人力、财力、物力，提高工作效率的目的。

(8)谨慎性

《企业会计准则——基本准则》第十八条规定，“企业对交易或者事项进行会计确认、计量和报告时保持应有的谨慎。”

在市场经济环境下，企业的生产经营活动面临着许多风险和不确定性，如应收款项的可收回性、固定资产的使用寿命、售出存货可能发生的退货或者返修等。谨慎性原则是指企业在面临不确定性因素的情况下需要做出职业判断时，保持必要的谨慎，充分估计到各种风险和损失，既不高估资产或者收益，也不低估负债或者费用，对于可能的损失和费用，应当加以合理估计。

(9)及时性

《企业会计准则——基本准则》第十九条规定，“企业对于已经发生的交易或者事项，应当及时进行确认、计量和报告，不得提前或者延后。”

及时性原则要求企业对成本信息应当及时处理、及时提供，成本信息具有时效性，只有能够满足决策的及时需要，成本信息才有价值。为了达到成本管理的目的，工程项目工程成本的核算、结转和成本信息的提供应当在要求的时期内完成。但要指出，成本核算遵循及时性原则，并非是越快越好，而是以确保可靠为前提，在规定时间内适时完成成本核算和成本信息的提供，不影响工程项目其他环节会计核算工作的顺利进行。

三、建设工程成本核算对象的确定

1. 成本核算对象的概念及构成要素

成本核算对象，是以一定时期和空间范围为条件而存在的成本计算实体。简言之，就企业的任何生产经营成果都是依存于一定的时空范围而产生的。确定成本核算对象，不仅要认定核算什么产品（劳务）的成本，而且要认定是在什么地点、什么时期生产（提供）出来的产品（劳务）。因而，确定成本核算对象一定要有“时空观念”。

通常，成本核算对象由以下 3 个要素构成：

(1)成本核算实体

成本核算实体是指承担生产费用的生产经营成果的实物形式。对于生产性企业而言，成本核算实体可以划分为某种产品、某批产品和某类产品的产成品或半成品；对于劳务性企业而言，往往不存在有形的成本核算实体，而只能确定劳务的性质，如运输企业的货运和客运，商贸企业的批发和零售等等。

(2)成本核算期

成本核算期是指汇集生产费用，核算企业成本的时间范围。生产性企业按其生产特点，可分为产品的生产周期和日历月份。劳务性企业一般均以日历月份为成本核算期。

(3)成本核算空间

成本核算空间是指生产费用发生并能组织企业成本核算的地点（部门、单位）。生产性企业的成本核算空间可划分为全厂和各生产步骤；劳务性企业可划分为各部门和各单位。

正是因为成本核算对象由三个要素构成，致使不仅不同企业生产的同种产品（劳务）的企业成本不同，而且即使同一企业生产的同种产品（劳务）在不同的成本核算期的企业成本也各异。因而，不能简单地将企业生产的产品品种划分为不同的成本核算对象。

2. 工程项目成本核算对象的确定

成本核算对象是指在计算工程成本时，确定归集和分配生产费用的具体对象，即生产费用承担的客体。合理地划分工程项目成本核算对象，是正确组织工程项目成本核算的前提条件。

工程项目成本核算对象一般应根据工程承包合同内容，施工生产的特点，生产费用的发生情况和管理上的要求来确定。工程项目成本核算对象如果划分得过粗，把相互之间没有联系或联系不大的单项工程或单位工程合并起来，作为一个成本核算对象，就不能反映独立施工的工程成本水平，不利于考核和分析项目成本的升降情况。反之，如果将成本核算对象划分过细，则会导致成本核算工作量大幅度增加，同样难以获得准确的成本信息。

确定工程项目成本核算对象，应以每一独立施工图预算所列的单位工程为依据，并结合施工现场条件和施工管理要求，因地制宜地确定成本核算对象。实际成本核算中，根据我国现行《企业会计准则第 15 号——建造合同》（以下简称建造合同准则），工程项目成本核算对象的确定主要有单项合同、合同分立、合同合并、追加资产的建造等。建造合同是指为建造一项资产、数项资产而订立的合同。一个建造合同可以是由一个项目组成的,如建成后就可投入使用单独发挥作用的单项工程的房屋、桥梁、水坝、船舶、飞机、大型机械设备等;一个建造合同也可以是由多个项目组成的,如与设计、技术、功能和最终用途等方面密切相关的由数项资产构成的建设项目,只有这些资产全部建成投入使用时,才能整体发挥效益。如承建一个发电厂,是由锅炉房、发电室、冷却塔等几个单项工程构成,只有各单项工程全部建成投入使用时,发电厂才能正常运转和发电。

(1)单项合同

通常情况下,施工企业应以所签订的单项施工合同作为施工工程成本核算对象,即以每一独立编制的施工图预算所列单项工程作为工程成本核算对象。这样,不仅便于将工程的实际成本与工程的预算成本进行比较,以检查预算的执行情况,有利于分析施工合同的完成情况,也有利于准确地核算施工合同的成本与损益,有利于核算、分析和考核施工合同的成本降低或超支情况。

但是在实际工作中,一个施工企业往往要承包许多个建设项目,每个建设项目的具体情况又各不相同。例如,有的建设项目工程规模较大、工期很长,有的建设项目只是一些规模较小、工期较短的零星改建或扩建工程;还有的建设项目,在一个工地上有若干个结构类型相同的单位工程同时施工、交叉作业,共同耗用施工现场堆放的大堆材料或集中加工的材料等等,这就涉及合同的分立与合并问题。

(2)合同分立

有的资产建造虽然形式上只签订了一项合同,但各项资产在商务谈判、设计施工、价款结算等方面都是可以相互分离的,实质上是多项合同,在会计上应当作为不同的成本核算对象。

一项包括建造数项资产的建造合同,同时满足下列三项条件的,每项资产应当分立为单项合同,即

① 每项资产均有独立的建造计划。

② 与客户就每项资产单独进行谈判,双方能够接受或拒绝与每项资产有关的合同条款。

③ 每项资产的收入和成本可以单独辨认。

例如某建筑公司与客户签订一项合同,为客户建造一栋宿舍楼和一座食堂。在签订合同时,建筑公司与客户分别就所建宿舍楼和食堂进行谈判,并达成一致意见。宿舍楼的工程造价为400万元,食堂的工程造价为150万元。宿舍楼和食堂均有独立的施工图预算,宿舍楼的预计总成本为370万元,食堂的预计总成本为130万元。根据上述资料分析,由于宿舍楼和食堂均有独立的施工图预算,因此符合条件①;由于在签订合同时,建筑公司与客户分别就所建宿舍楼和食堂进行谈判,并达成一致意见,因此符合条件②,由于宿舍楼和食堂均有单独的造价和预算成本,因此符合条件③。建筑公司应将建造宿舍楼和食堂分立为两个单项合同进行会计处理。

如果未同时满足上述三个条件，则不能将合同分立，而应将其作为一个合同进行会计处理。假如没有明确规定宿舍楼和食堂各自的工程造价，而是以550万元的总金额签订了该项合同，也未做出各自的预算成本。这时，不符合条件③，则建筑公司不能将该项合同分立为两个单项合同进行会计处理。

(3)合同合并

有的资产建造虽然形式上签订了多项合同，但各项资产在设计、技术、功能、最终用途上是密不可分的，实质上是一项合同，在会计上应当作为一个核算对象。

一组合同无论对应单个客户还是多个客户，同时满足下列三项条件的，应当合并为单项合同。

① 该组合同按一揽子交易签订。

② 该组合同密切相关，每项合同实际上已构成一项综合利润率工程的组成部分。

③ 该组合同同时或依次履行。

例如为建造一个冶炼厂，某建造承包商与客户一揽子签订了三项合同，分别建造一个选矿车间、一个冶炼车间和一个工业污水处理系统。根据合同规定，这三个工程将由该建造承包商同时施工，并根据整个项目的施工进度办理价款结算。根据上述资料分析，由于这三项合同是一揽子签订的，表明符合条件①。对客户而言，只有这三项合同全部完工交付使用时，该冶炼厂才能投料生产，发挥效益；对建造承包商而言，这三项合同的各自完工进度，直接关系到整个建设项目的完工进度和价款结算，并且建造承包商对工程施工人员和工程用料实行统一管理。因此，该组合同密切相关，已构成一项综合利润率工程项目，表明符合条件②。该组合同同时履行，表明符合条件③。因此，该建造承包商应将该组合同合并为一个合同进行会计处理。

(4)追加资产的建造

追加资产的建造，满足下列条件之一的，应当作为单项合同。

① 该追加资产在设计、技术或功能上与原合同包括的一项或数项资产存在重大差异。

② 议定该追加资产的造价时，不需要考虑原合同价款。

例如某建筑商与客户签订了一项建造合同。合同规定，建筑商为客户设计并建造一栋教学楼，教学楼的工程造价(含设计费用)为500万元，预计总成本为460万元。合同履行一段时间后，客户决定追加建造一座地上车库，并与该建筑商协商一致，变更了原合同内容。根据上述资料分析，由于该地上车库在设计、技术和功能上与原合同包括的教学楼存在重大差异，表明符合条件①。由于该差异，追加资产造价时不需要考虑原合同造价，符合条件②。因此，该追加资产的建造应当作为单项合同。

总之，施工企业一般应按照与施工图预算相适应的原则，以每一独立签订施工合同的单项工程为依据，并结合企业施工组织的特点和加强成本管理的要求，灵活、具体确定工程成本核算对象。

第二节 建设工程成本核算的程序

工程项目的成本核算程序，是指工程项目在具体组织工程成本核算时应遵循的一般顺序和步骤。按照核算内容的详细程度，可分为工程成本的总分类核算程序和明细分类核算程序。

一、建设工程成本的总分类核算程序

1. 总分类科目的设置

为了核算工程成本的发生、汇总与分配情况，正确计算工程成本，项目经理部一般应设置以下总分类科目。

(1)“工程施工”科目。“工程施工”科目属于成本类科目，它用来核算工程项目在施工过程中发生的各项成本性费用。借方登记施工过程中发生的人工费、材料费、机械使用费、其他费用，以及期末分配计入的企业管理费；贷方登记结转已完工程的实际成本；期末余额在借方，反映未完工程的实际成本。

(2)“机械作业”科目。“机械作业”科目属于成本类科目，它用来核算工程项目使用自有施工机械和运输机械进行机械作业所发生的各项费用。借方登记所发生的各种机械作业支出；贷方登记期末按照受益对象分配结转的机械使用费实际成本；期末应无余额。从外单位或本企业其他内部独立核算单位租入机械时支付的机械租赁费，应直接计入“工程施工”科目的机械使用费成本项目中，不通过本科目核算。

(3)“辅助生产”科目。“辅助生产”科目属于成本类科目，它用来核算企业内部非独立核算的辅助生产部门为工程施工、产品生产、机械作业等生产材料和提供劳务(如设备维修、结构件的现场制作、施工机械的装卸等)所发生的各项费用。借方登记发生的以上各项费用；贷方登记期末结转完工产品或劳务的实际成本；期末余额在借方，反映辅助生产部门在产品或未完工劳务的实际成本。

(4)“待摊费用”科目。“待摊费用”科目属于资产类科目，它用来核算工程项目已经支付但应由本期和以后若干期分别负担的各项施工费用，如低值易耗品的摊销，一次支付数额较大的排污费、财产保险费、进出场费等。发生各项待摊费用时，登记在本科目的借方；按受益期限分期摊销时，登记在本科目的贷方；期末借方余额反映已经支付但尚未摊销的费用。

(5)“预提费用”科目。“预提费用”科目属于负债类科目，它用来核算工程项目预先提取但尚未实际发生的各项施工费用，如预提收尾工程费用，预提固定资产大修理费用等。贷方登记预先提取并计入工程成本的预提费用；借方登记实际发生或执法的预提费用；期末余额在贷方，反映已经计入成本但尚未发生的预提费用。

2. 工程成本在有关总分类科目间的归集结转程序

(1)将本期发生的各项施工费用,按其用途和发生地点,归集到有关成本、费用科目的借方。

(2)月末,将归集在“辅助生产”科目中的辅助生产费用,根据受益对象和受益数量,按照一定方法分配转入“工程施工”、“机械作业”等科目的借方。

(3)月末,将由本月成本负担的待摊费用和预提费用,转入其有关成本费用科目的借方。

(4)月末,将归集在“机械作业”科目的各项费用,根据受益对象和受益数量,按照一定方法分配计入“工程施工”科目借方。

上述工程成本总分类核算的程序,如图 5-1 所示。

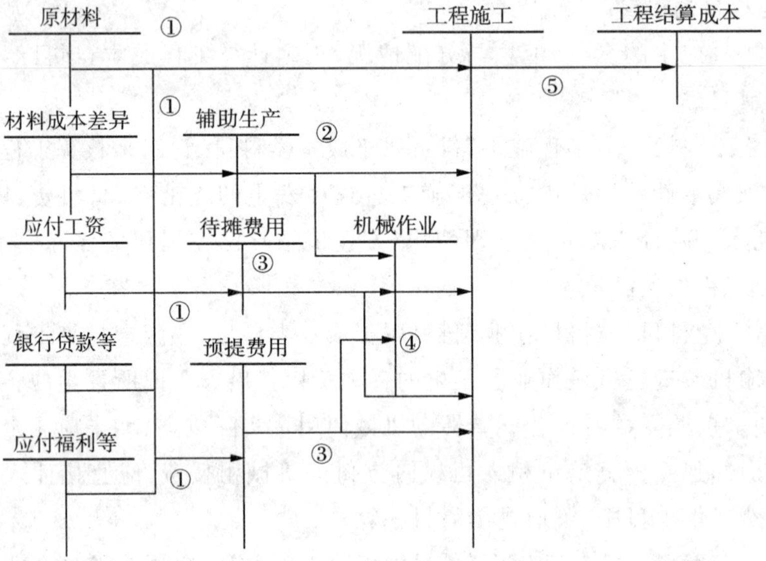

图 5-1　建设工程成本总分类核算的程序示意图

二、建设工程成本的明细分类核算程序

上述工程成本总分类核算只能总括地反映工程项目在一定时期内发生的施工费用,为了进一步了解施工费用发生的详细情况和各个成本核算对象的实际成本,还必须设置有关明细分类账,进行建设工程成本的明细分类核算。

1. 明细分类账的设置

(1)按成本核算对象设置“工程成本明细账”,并按成本项目设专栏归集各成本核算对象发生的施工费用。

(2)按各管理部门设置“工程施工—企业管理费明细账”,并按费用项目设专栏归集施工中发生的企业管理费。

(3)按施工队、车间或部门以及成本核算对象(如产品、劳务的种类)的类别设置“辅助生产明细账”。

(4)按费用的种类或项目，设置“待摊费用明细账”、“预提费用明细账”以归集与分配各项有关费用。

(5)根据自有施工机械的类别，设置“机械作业明细账”。

2. 工程成本在有关明细账间的归集和结转程序

(1)根据本期施工费用的各种凭证和费用分配表分别计入“工程成本明细账(表)”、“工程施工企业管理费明细账”、“辅助生产明细账(表)”、“待摊费用明细账(表)”、“预提费用明细账(表)”和“机械作业明细账(表)”。

(2)根据“辅助生产明细账(表)”，按各受益对象的受益数量分配该费用，编制“辅助生产费用分配表”，并据以登记“工程成本明细账(表)”等有关明细账。

(3)根据“待摊费用明细账(表)”及“预提费用明细账(表)”，编制“待摊费用计算表”及“预提费用计算表”，并据以登记“工程成本明细账(表)”等有关明细账。

(4)根据“机械作业明细账(表)”和“机械使用台账”，编制“机械使用费分配表”，按受益对象和受益数量，将本期各成本核算对象应负担的机械使用费分别计入“工程成本明细账(表)”。

(5)根据“工程施工企业管理费明细账”，按各受益对象的受益数量分配该费用，编制“企业管理费分配表”，并据以登记“工程成本明细账(表)”。

(6)月末，根据“工程成本明细账(表)”，计算出各成本核算对象的已完工程成本或竣工成本，从“工程成本明细账(表)”转出，并据以编制“工程成本表”。

上述建设工程成本的明细分类核算程序如图 5-2 所示。

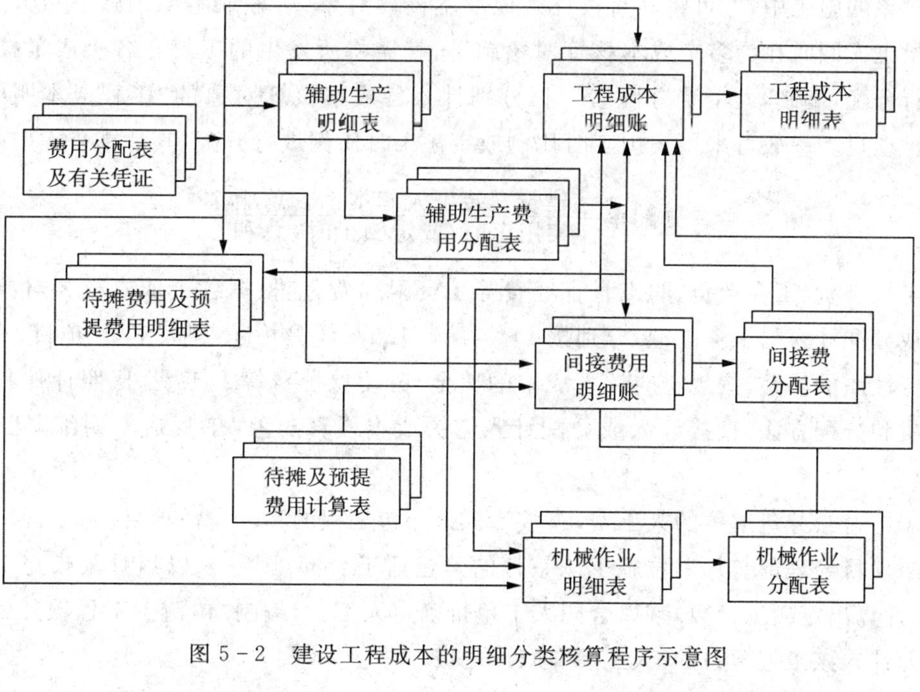

图 5-2 建设工程成本的明细分类核算程序示意图

第三节 建设工程成本核算的内容

建设工程项目的成本，由人工费、材料费、机械使用费、企业管理费、规费、利润和税金七个成本项目构成。工程施工过程中发生的各项施工费用，首先按照确定的成本核算对象和上述七个成本项目进行归集，能够直接计入有关成本核算对象的，直接计入；不能直接计入的，采用一定的分配方法分配计入各成本核算对象的成本，然后计算出各工程项目的实际成本。

一、人工费的核算

1. 人工费的内容

具体内容详见第一章。

2. 人工费的归集和分配

人工费计入成本的方法，一般应根据企业实行的具体工资制度而定。

在实行计件工资制度下，所支付的工资一般都能分清受益对象，应根据“工程任务单”和“工资结算汇总表”，将归集的工资直接计入各成本核算对象的人工费成本项目中。借记“工程施工—××工程—人工费”，贷记“应付职工薪酬”科目。

在实行计时工资制度下，只有一个成本核算对象或者所发生的工资能分清是在哪个成本核算对象的施工中，方可将其直接计入该成本核算对象“工程成本明细账”中“人工费”项目。如果工人同时在为多个成本核算对象施工，就需将所发生的工资在各个成本核算对象之间进行分配，编制“人工费分配表”，再分别计入各成本核算对象的“工程成本明细账”中“人工费”项目。一般可采用实用工时比例或定额工时比例进行分配，其计算公式如下：

$$分配率=\frac{建筑安装工人基本工资总额}{实用工时(或定额工时)总和}$$

职工福利费、工会经费、职工教育经费等工资附加费，应根据各个成本核算对象当期实际发生或分配计入的工资总额，分别按14%，2%，1.5%计提并进入“人工费”项目。

工资性质的津贴，按规定应计入成本的奖金、劳动保护费等人工费，比照计件和计时工资的归集和分配方法，直接计入或分配计入有关成本核算对象“工程成本明细账”中“人工费”项目。

对于支付给分包单位的人工费，直接计入该分包工程的“人工费”项目。

如果项目经理部与外单位施工队签订的是包清工合同，则月末以当月验收完工的工程实物量，计算出定额工日数，乘以合同人工单价确定人工费，编制“包清工工程款月度成本汇总表”，并计入该工程项目的“人工费”项目。

例5-1 某建筑公司下属第一项目部，有教学楼工程、宿舍楼工程两个成本核算对象。

其中，教学楼工程采取按月结算方式，宿舍楼工程采取竣工后一次结算方式。2011 年第一项目部发生的人工费资料如下：计时工资 38500 元。其中，教学楼工程耗用 5600 工时，宿舍楼工程耗用 4025 工时。本月未发生计件工资。填写下表，并做会计分录。

表 5－1 计时工资分配表

核算单位：第一项目部　　　　单位：元

成本核算对象	实际用工数/工日	分配率(％)	应分配的工资额
教学楼工程	5600		
宿舍楼工程	4025		
合计			38500

解：(1)借：工程施工—教学楼工程—人工费　　22400

　　　　　　　—宿舍楼工程—人工费　　16100

　　贷：应付职工薪酬—应付工资　　38500

(2)根据工资总额 14％计提本月的职工福利费

　　借：工程施工—教学楼工程—人工费　　3136

　　　　　　　—宿舍楼工程—人工费　　2254

　　贷：应付职工薪酬—应付工资　　5390

则有

成本核算对象	实际用工数/工日	分配率(％)	应分配的工资额
教学楼工程	5600	4	22400
宿舍楼工程	4025		16100
合计	9625		38500

二、材料费的核算

1. 材料费的内容

具体内容详见第一章。

2. 材料费的归集和分配

由于建设项目耗用的材料品种繁多，数量大，领用次数频繁，因此，企业必须建立、健全材料的收、发、领、退等管理制度，制定统一的定额领料单、大堆材料耗用计算单、集中配料耗用计算单、周转材料摊销分配表、退料单等自制原始凭证，并按不同的情况进行材料的归集和分配。

(1)凡领料时能点清数量、分清成本核算对象的，应在有关领料凭证(如领料单、定额领料单)上注明成本核算对象的名称，财会部门据以直接计入成本核算对象“工程成本明细账”的“材料费”项目。

(2)领料时，虽能点清数量，但系集中配料或需统一下料的，如木材、油漆等，应在领料凭证上注明“工程集中配料(下料)”，月末，由材料管理人员或领用部门根据用料情况，结合材料消耗定额编制“集中配料(下料)耗用计算表”，据以分配计入各成本核算对象的成本。

(3)领料时，既不易点清数量，又难以分清成本核算对象的材料，如砖、瓦、砂、石等大堆材料，可根据实际情况，由材料管理员或施工现场保管员验收保管，月末实地盘点结存数量后，结合月初结存数量和本月购进数量，倒推算出本月实际耗用数量，再结合材料耗用定额，编制“大堆材料耗用计算表”据以计入各成本核算对象的成本。

(4)周转使用的模板、脚手架等周转材料应根据各受益对象的实际在用数量和规定的摊销方法，计算当月应摊销额，编制“周转材料摊销分配表”，据以计入各成本核算对象的成本。对租用的周转材料，则应按当月支付或分摊的租赁费直接计入或分配计入各收益成本核算对象的“材料费”项目。

(5)工程竣工后的剩余材料，应填写“退料单”或用红字填写“领料单”，据以办理材料退库手续，同时冲减相关成本核算对象的“材料费”成本项目。

(6)施工中发生的残次材料和包装物等，应尽量回收再利用，并填制“废料交库单”估价入账，并冲减工程成本中的材料费。

(7)按月结算工程成本时，对月末已办理领料手续，但尚未耗用的材料，下月仍将继续耗用的，应进行盘点，办理“假退库”手续。

上述各种不同材料，采用各自的方法进行分配后，应根据有关分配计算表和材料部门提供的资料，汇总编制“材料费分配表”，确定各受益成本核算对象分摊的“材料费”成本。借记“工程施工——＊＊工程——材料费”，贷记“库存材料”、“周转材料”、“材料成本差异”等科目。

例 5-2 本月第一项目部编制的材料费分配表如下，请补充完整，并做会计分录。

表 5-2 材料费分配表

核算单位：第一项目部　　　　单位：元

成本核算对象	主要材料					
	黑色金属		硅酸盐		合计	
	计划成本	成本差异－1％	计划成本	成本差异＋2％	计划成本	成本差异
教学楼工程	175000		37000			
宿舍楼工程	105000		18000			
合计						

成本核算对象	结构件		合计		周转材料摊销额
	计划成本	成本差异＋1.5％	计划成本	成本差异	
教学楼工程	97000				6600
宿舍工程	73000				2500
合计					9100

解：

成本核算对象	主要材料					
	黑色金属		硅酸盐		合计	
	计划成本	成本差异－1%	计划成本	成本差异＋2%	计划成本	成本差异
教学楼工程	175000	－1750	37000	740	212000	－1010
宿舍楼工程	105000	－1050	18000	360	123000	－690
合计	280000	－2800	55000	1100	335000	－1700
成本核算对象	结构件		合计		周转材料摊销额	
	计划成本	成本差异＋1.5%	计划成本	成本差异		
教学楼工程	97000	1455	309000	445	6600	
宿舍工程	73000	1095	196000	405	2500	
合计	170000	2550	505000	850	9100	

三、机械使用费的核算

1. 机械使用费的内容

工程成本中的机械使用费，是指在施工过程中使用自有施工机械所发生的机械使用费和租入外单位（包括施工企业内部独立核算的机械站）施工机械的租赁费，以及按规定支付的施工机械安装、拆卸和进出场费等。

2. 机械使用费的归集与分配

工程施工中使用的施工机械，分为自有机械和租用施工机械。因此，机械使用费的核算也分为以下两种情况。

(1)租入机械费用的核算。从外单位或本企业内部独立核算的机械站租入施工机械支付的租赁费，一般可以根据“机械租赁费结算单”所列金额，直接计入成本核算对象的“机械使用费”成本项目中。如果租入的施工机械是为两个或两个以上的工程服务，应以租入机械所服务的各个工程受益对象提供的作业台班数量为基数进行分配，计算公式如下：

$$平均台班租赁费=\frac{支付的租赁费总额}{租入机械作业总台班数}$$

(2)自有机械费用的核算。工程项目使用自有施工机械和运输设备进行机械作业所发生的各项费用，首先应通过“机械作业”科目，分别归集，月末根据各个成本核算对象实际使用机械的台班数计算各成本核算对象应分摊的施工机械使用费。为此，要设置“机械作业”科目进行总分类核算，同时按机械类别或每台机械设置“机械作业明细账”进行明细核算，并按“人工费”、“燃料及动力”、“材料”、“折旧及修理费”、“替换工具及部件”、“其他费用”、“企业管理费”等成本项目设专栏进行费用的归集。

使用自有机械进行机械化施工和运输作业所发生的各种费用，应按一定的方法在各受益成本核算对象之间进行分配。根据机械管理部门编报的“机械使用月报”和“机械作业明细账”等资料，以各成本核算对象使用的台班数、完成作业量等为标准来编制“机械使用费分配表”，据此确定各成本核算对象应负担的机械使用费，并登记“工程成本明细账”及有关费用明细账，同时进行总分类核算。借记“工程施工××工程机械使用费”，贷记“机械作业”。

机械作业费用的分配方法主要有以下 3 种：

① 台班分配法。即根据各成本核算对象使用机械的实际台班数进行分配，其计算公式如下：

$$\text{某成本核算对象应分摊的某种机械使用费}=\text{该种机械每台班实际成本}\times\text{该成本核算对象实际使用台班数}$$

台班分配法适用于按单机或机组进行成本核算的机械。

② 作业量分配法。即根据各种机械所完成的作业量为基础进行分配的方法，其计算公式如下：

$$\text{某成本核算对象应分摊的某种机械使用费}=\text{该种机械为该成本核算对象提供的作业量}\times\text{该种机械单位作业量实际成本}$$

其中：

$$\text{某种机械单位作业量实际成本}=\frac{\text{该种机械实际发生费用总额}}{\text{该种机械实际完成作业量}}$$

作业量分配法适用于能计算完成作业量的单位或某类机械。如汽车运输作业，按单辆或某类汽车提供的吨·千米计算作业量。

③ 预算分配法。即根据实际发生的机械作业费占预算定额规定的机械使用费的比率进行分配的方法，其计算公式如下：

$$\text{某成本核算对象预算机械使用费}=\text{该成本核算对象实际完成工程量}\times\text{单位工程量机械使用费预算定额}$$

式中：

$$\text{实际机械作业费占预算机械使用费比率}=\frac{\text{实际发生的机械作业费总额}}{\text{受益成本核算对象预算机械费总额}}$$

预算分配法适用于不便计算机械使用台班或无机械台班的中小型机械使用费，如几个成本核算对象共同使用的混凝土搅拌机的使用费。

若发生费用较大、受益期较长的大型施工机械费用以及施工机械的安装、拆卸、辅助设施和进出场费，在发生时，可先通过“待摊费用”科目归集，再按机械使用期限分期计入有关受益成本核算对象“工程成本明细账”的“机械使用费”项目。

例 5－3 本月第一项目部塔吊工作 60 台班，发生费用其中，教学楼工程 43 台班，宿舍楼工程 17 台班。货运卡车发生费用 9504 元，运行 198t·km，其中，教学楼工程 110t·km，宿舍楼工程 88t·km。填写下表，并做会计分录。

表 5-3 机械使用费分配表

核算单位：第一项目部　　　　单位：元

成本核算对象	塔吊(每台班成本 200 元)		卡车(每吨千米成本 48 元)		合计
	台班数	应分配机械使用费	作业量	应分配机械使用费	
教学楼工程					
宿舍楼工程					
合计					

解：

成本核算对象	塔吊(每台班成本 200 元)		卡车(每吨千米成本 48 元)		合计
	台班数	应分配机械使用费	作业量	应分配机械使用费	
教学楼工程	43	8600	110	5280	13880
宿舍楼工程	17	3400	88	4224	7624
合计	60	12000	198	9504	21504

四、其他费用的核算

1. 其他费用的归集和分配

在实际工作中，其他费用的核算可分为以下三种情况进行。

(1)在上述其他费用中，有的可以直接计入各个成本核算对象。如工具用具使用费与临时设施摊销费等，可按使用工具用具与临时设施的工地，直接计入各成本核算对象。借记“工程施工——xx 工程——其他费用”，贷记“低值易耗品”、“临时设施摊销”等科目。

(2)其他费用发生时不能分清受益对象的，将其发生的费用先汇总，借记“工程施工——其他费用”，贷记“银行存款”、“现金”等科目。月末按适当的方法分配计入各成本核算对象，借记“工程施工——xx 工程——其他费用”，贷记“工程施工——其他费用”。

(3)其他费用发生时难于同工程施工中发生的人工费、材料费、机械使用费等划分清楚，如冬雨季施工增加的防雨、保温材料费，夜间施工增加的水电费，流动施工津贴，材料两次搬运费中的人工费、机械使用费等。为了简化核算手续，便于成本分析和考核，可以结合制定的预算定额等实际情况，将这些其他费用并入“人工费”、“材料费”、“机械使用费”成本项目中核算。

例 5-4 本月，第一项目部发生的其他费用如下：教学楼工程摊销临时设施费 2600 元，宿舍楼工程摊销临时设施费 400 元；以现金支付教学楼工程检验试验费 1350 元，以银行存款支付宿舍楼工程场地清理费 1000 元。请做会计分录。

解：(1)借：工程施工—教学楼工程—其他费用　　2600

　　　　　　　　　—宿舍楼工程—其他费用　　400

　　贷：临时设施摊销　　3000

(2)借：工程施工—教学楼工程—其他费用　　1350

　　贷：库存现金　　1350

(3)借：工程施工—宿舍楼工程—其他费用　　1000

　　贷：银行存款　　1000

五、企业管理费的核算

1. 企业管理费的内容

具体内容详见本章第一节。

2. 企业管理费的归集和分配

对于按规定计费标准支付的外单位管理费应以实际支付数计入各受益对象。对外供应劳务和出租机械作业所负担的施工企业管理费，通常按费用定额加以计算，以简化核算手续。难以分清受益对象的企业管理费，企业应在“工程施工”科目下设置“企业管理费明细账”，并按费用项目设置专栏归集本期发生的各种企业管理费，借记“工程施工—企业管理费”，贷记“应付职工薪酬”、“累计折旧”等科目。期末按一定标准分配计算各成本核算对象应负担的企业管理费，并编制“企业管理费分配表”，计入各成本核算对象的工程成本，借记“工程施工——XX 工程——企业管理费”，贷记“工程施工——企业管理费”。

企业管理费的分配标准因工程类别不同而有所不同。土建工程一般应以工程成本的直接成本为分配标准，安装工程一般应以人工费为分配标准。

在实际工作中，由于项目经理部施工的工程往往既有土建工程又有安装工程，有时辅助生产单位生产的产品或劳务可能还会对外销售，所以企业管理费一般要进行两次分配，即第一次分配是在不同类的工程、产品、劳务和作业之间进行分配，第二次分配是在同类工程（或产品、劳务、作业）的不同成本核算对象之间进行分配。

企业管理费的第一次分配一般是以各类工程（或产品、劳务、作业）成本中的人工费为标准进行分配。其计算公式如下：

$$企业管理费分配率=\frac{企业管理费总额}{各类工程（或产品、劳务、作业）成本中的人工费总额}$$

企业管理费的第二次分配是企业管理费分配到各类工程（或产品、劳务、作业）中的企业管理费再分配到各个成本核算对象中去。第二次分配是按各类工程（或产品、劳务、作业）的直接成本或人工费为标准进行分配。

(1)土建工程企业管理费分配公式如下：

$$企业管理费分配率=\frac{土建工程分配的企业管理费总额}{所有土建工程人工费、材料费、施工机具使用费总额}$$

某土建工程应分配的企业管理费＝该土建工程人工费、材料费、施工机具使用费总额

×企业管理费分配率

(2)安装工程企业管理费分配公式如下：

$$企业管理费分配率=\frac{安装工程分配的企业管理费总额}{所有安装工程人工费、材料费、施工机具使用费总额}$$

某安装工程应分配的企业管理费＝该安装工程人工费×企业管理费分配率

例 5－5 本月第一项目部发生企业管理费 12780 元，根据工程项目的直接成本分配教学楼工程和宿舍楼工程应负担的企业管理费，请填写下表，并做会计分录。

表 5－4 企业管理费分配表

核算单位：第一项目部　　　　单位：元

成本核算对象	直接成本总额	分配率	分配的企业管理费
教学楼工程			
宿舍楼工程			
合计			

解：

成本核算对象	直接成本总额	分配率	分配的企业管理费
教学楼工程	359411	2.182%	7842.444
宿舍楼工程	226283		4937.556
合计	585694		12780

例 5－6 根据以上会计分录，请填写第一项目部的工程成本明细账表。

表 5－5 工程成本明细账

核算单位：第一项目部　　　　单位：元

摘要	直接成本				企业管理费	工程成本合计
	人工费	材料费	机械使用费	其他直接费		
月初余额	550000	2556000	893000	199000	88700	
分配基本工资						
分配职工福利费						
分配材料计划成本						

（续表）

摘要	直接成本				企业管理费	工程成本合计
	人工费	材料费	机械使用费	其他直接费		
调整材料成本差异						
分配机械使用费						
分配其他费用						
分配企业管理费						
本月发生额合计						
月末累计发生额						
月末结转工程成本						
月末未完工程成本						

表 5-6　工程成本明细卡

成本核算对象：教学楼工程　　　　单位：元

摘要	直接成本				企业管理费	工程成本合计
	人工费	材料费	机械使用费	其他直接费		
月初余额	330000	1377800	586000	105000	35100	
分配基本工资						
分配职工福利费						
分配材料计划成本						
调整材料成本差异						
分配机械使用费						
分配其他费用						
分配企业管理费						
本月发生额合计						
月末累计发生额						
月末结转工程成本						
月末未完工程成本	1000	2800	1540	420	0	

表 5-7　工程成本明细卡

成本核算对象：宿舍楼工程　　　　　　　　　　　　　　　　　　　　　　单位：元

摘要	直接成本				企业管理费	工程成本合计
	人工费	材料费	机械使用费	其他直接费		
月初余额	220000	1178200	307000	94000	53600	
分配基本工资						
分配职工福利费						
分配材料计划成本						
调整材料成本差异						
分配机械使用费						
分配其他费用						
分配企业管理费						
本月发生额合计						
月末累计发生额						
月末结转工程成本						
月末未完工程成本	120	660	380	460	0	

解：

表 5-5　工程成本明细账

核算单位：第一项目部　　　　　　　　　　　　　　　　　　　　　　　　单位：元

摘要	直接成本				企业管理费	工程成本合计
	人工费	材料费	机械使用费	其他直接费		
月初余额	550000	2556000	893000	199000	88700	4286700
分配基本工资	38500					38500
分配职工福利费	5390					5390
分配材料计划成本		514100				514100
调整材料成本差异		850				850
分配机械使用费			21504			21504
分配其他费用				5350		5350
分配企业管理费					12780	12780
本月发生额合计	43890	514950	21504	5350	12780	598474
月末累计发生额	593890	3070950	914504	204350	101480	4885174
月末结转工程成本	592770	3067490	912584	203470	101480	4877794
月末未完工程成本	1120	3460	1920	880	0	7380

表 5-6 工程成本明细卡

成本核算对象:教学楼工程 单位:元

摘要	直接成本				企业管理费	工程成本合计
	人工费	材料费	机械使用费	其他直接费		
月初余额	330000	1377800	586000	105000	35100	2433900
分配基本工资	22400					22400
分配职工福利费	3136					3136
分配材料计划成本		315600				315600
调整材料成本差异		445				445
分配机械使用费			13880			13880
分配其他费用				3950		3950
分配企业管理费					7842.444	7842.444
本月发生额合计	25536	316045	13880	3950	7842.444	367253.444
月末累计发生额	355536	1693845	599880	108950	42942.444	2801153.444
月末结转工程成本	354536	1691045	598340	108530	42942.444	2795393.444
月末未完工程成本	1000	2800	1540	420	0	5760

表 5-7 工程成本明细卡

成本核算对象:宿舍楼工程 单位:元

摘要	直接成本				企业管理费	工程成本合计
	人工费	材料费	机械使用费	其他直接费		
月初余额	220000	1178200	307000	94000	53600	1852800
分配基本工资	16100					16100
分配职工福利费	2254					2254
分配材料计划成本		198500				198500
调整材料成本差异		405				405
分配机械使用费			7624			7624
分配其他直接费				1400		1400
分配间接成本					4937.556	4937.556
本月发生额合计	18354	198905	7624	1400	4937.556	231220.556
月末累计发生额	238354	1377105	314624	95400	58537.556	2084020.556
月末结转工程成本	238234	1376445	314244	94940	58537.556	2082400.556
月末未完工程成本	120	660	380	460	0	1620

六、辅助生产费用的核算

1. 辅助生产费用的内容

辅助生产费用是企业的辅助生产部门为工程施工、产品生产、机械作业、专项工程等生产材料和提供劳务所发生的各项费用。

施工企业为了顺利地进行工程施工活动，一般都要设置若干个辅助生产部门。辅助生产部门是指企业及其内部独立核算单位所属非独立核算的辅助生产车间、单位或部门，如机修车间、木工车间、供水站、运输队等。但企业所属实行内部独立核算的辅助生产部门，所发生的生产费用不在工程成本核算范围内。

辅助生产部门主要是为企业的工程施工服务的，其服务内容有为工程施工等生产材料的辅助生产和提供劳务的辅助生产两类。除此之外，还有为附属企业生产、机械作业与专项工程服务的。辅助生产部门生产的材料和提供的劳务还可能销售给外单位，当然，这并不是设置辅助生产部门的主要目的。企业辅助生产费用是工程成本的重要组成部分，其费用的多少直接影响工程成本的水平。因此，正确组织辅助生产费用的核算，对于正确计算工程成本，挖掘降低工程成本的潜力，有着重要的作用。

2. 辅助生产费用的归案和分配

平时，企业辅助生产部门发生的各种费用归案在"辅助生产"科目，同时等级"辅助生产明细账"有关成本项目，借记"辅助生产"，贷记"应付职工薪酬"、"库存材料"等科目。月末将归集的辅助生产费用按受益对象和一定的标准分配计入各成本核算对象，并编制"辅助生产费用分配表"，据此登记有关"工程成本明细账"，借记"工程施工——××工程"，贷记"辅助生产"。

为了使辅助生产费用能较合理地分配计入有关成本核算对象，通常有以下分配方法：

(1)直接分配法

直接分配法是指各辅助生产部门的费用只在施工项目和管理部门之间，按受益数量进行分配，对于各辅助生产部门相互提供的产品或劳务不进行分配。其计算公式如下：

$$\text{某项辅助生产劳务或产品的单位成本}=\frac{\text{该项辅助生产的费用总额}}{\text{该项辅助生产提供的劳务或产品总量}}$$

式中"该项辅助生产提供的劳务或产品总量"不包括自用和其他辅助生产部门所用数量。

$$\begin{aligned}\text{某受益对象应分配的劳务或产品费用}&=\text{该项辅助生产劳务或产品的单位成本}\\&\quad\times\text{提供给该受益对象的劳务或产品数量}\end{aligned}$$

例 5-7 本月第一建筑工程公司内部非独立核算的机修车间和供电站提供了劳务。机修车间提供了 200 工时的修理服务，其中，第一项目部 100 工时，第二项目部 60 工时，供电站 40 工时，机修车间发生费用 1600 元，详见"辅助生产明细表"(表 5-8)。供电站输送 2500 千瓦时，其中，第一项目部耗电 1600 千瓦时，第二项目部耗电 400 千瓦时，机修车间耗电 500 千瓦时，供电站发生费用 600 元。采取直接分配法分配辅助生产费用，并编制"辅助生产费用分配表”，见表5-9。

表5-8 辅助生产明细账

核算单位：机修车间　　　　单位：元

摘要	借方						贷方	余额
	人工费	材料费	机械使用费	其他直接费	间接成本	合计		
领用材料费		135				135		
工人基本工资	800					800		
职工福利费	112					112		
支付水电费				213		213		
机械使用费			240			240		
分配间接成本					100	100		
合计	912	135	240	213	100	1600	1600	0

表5-9 辅助生产费用分配表

辅助生产部门	待分配费用	分配数量	计量单位	分配率	受益对象			
					第一项目部		第二项目部	
					数量	金额	数量	金额
机修车间	1600	160	工时	10	100	1000	60	600
供电站	600	2000	千瓦时	0.3	1600	480	400	120
合计	220					1480		720

解：根据上述“辅助生产费用分配表”，编制会计分录如下：

① 第一项目部

借：工程施工—间接成本　　1480

贷：辅助生产—机修车间　　1000

　　　　　　—供电站　　480

第一项目部据此登记“间接成本明细账”，见表4-5。

② 第二项目部

借：工程施工—间接成本　　720

贷：辅助生产—机修车间　　600

　　　　　　—供电站　　120

这种分配方法可以适当简化核算工作，适用于各辅助生产部门相互之间提供产品或劳务数量较少的情况。在各辅助生产部门相互之间提供产品或劳务数量较多的情况下，该方法不能正确反映各辅助生产部门的真实费用。

(2)一次交互分配法

一次交互分配法是指先将各辅助生产部门直接发生在各辅助生产部门的费用交互分配，然后将辅助生产部门发生的直接费用，加上分配进来的费用，减去分配出去的费用，再进行第二次分配，这次只分配给施工项目和管理部门。

例 5－8　对例 5－7 中的资料，按一次交互分配法分配辅助生产费用，并编制“辅助生产费用分配表”，见表 5－10。

解：根据上述“辅助生产费用分配表”，编制会计分录如下：

① 交互分配

借：辅助生产—供电站　　400

贷：辅助生产—机修车间　　320

借：辅助生产—机修车间　　120

贷：辅助生产—供电站　　120

② 第二次分配

a. 第一项目部

借：工程施工—间接成本　　1515

贷：辅助生产—机修车间　　875

　　　　　　—供电站　　640

b. 第二项目部

借：工程施工—间接成本　　685

贷：辅助生产—机修车间　　525

　　　　　　—供电站　　160

表 5－10　辅助生产费用分配表

	辅助生产部门	待分配费用	分配数量	计量单位	分配率	受益对象							
						机修车间		供电站		第一项目部		第二项目部	
						数量	金额	数量	金额	数量	金额	数量	金额
交互分配	机修车间	1600	200	工时	8			40	320				
	供电站	600	2500	千瓦时	0.24	500	120						
	小计	2200					120		320				
第二次分配	机修车间	1400	160	工时	8.75					100	875	60	525
	供电站	800	2000	千瓦时	0.4					1600	640	400	160
	小计	2200									1515		685
合计											1515		685

这种分配方法可以比较全面地反映各辅助生产部门实际发生的费用，但各辅助生产部门只有在接到会计部门转来的其他单位分大费用之后，才能计算出实际费用，这样会影响成

本核算的及时性。

(3)计划成本分配法

计划成本分配法是指按产品或劳务的计划(或定额)成本以及实际耗用数量分配辅助生产费用。当费用的计划分配额与实际发生额之间出现差异时,其差异可以直接计入企业管理费或管理费用中。

七、待摊费用和预提费用的核算

为了划清各期的费用界限,正确计算产品(或劳务)的成本以及企业盈利,企业按照权责发生制原则,将已发生的由本期和以后各期共同负担的费用,即待摊费用,在各期费用、成本之间进行划分;将尚未发生的应由本期负担的费用,即预提费用,预先计入当期费用、成本。

1. 待摊费用的核算

待摊费用是指本期发生,但应由本期和以后各期产品(或劳务)成本共同负担的分摊期在1年以内的各项费用。这种费用发生以后,由于受益期较长,不应一次全部计入当期产品(或劳务)成本,而应按照费用的受益期限分期摊入各期产品(或劳务)成本。如预付保险费、预付报刊订阅费、低值易耗品摊销、固定资产修理费,在经营活动中支付数额较大的契约合同公证费、签证费、科学技术费和经营管理咨询费等。待摊费用的摊销应根据谁受益谁负担的原则进行,几个月受益,就分几个月摊销。待摊费用的摊销期,有的可以明确确定,如预付保险费,可以按照预付费用的月份确定受益期限;有的很难准确确定,如低值易耗品摊销,可以由成本工程师同生产技术等方面人员估计确定。某些待摊费用,如果数额很小,对产品(或劳务)成本影响不大,为了简化核算,也可以全部计入当期的产品(或劳务)成本。待摊费用核算应设置"待摊费用"账户,用来核算企业已经支出但应由本期和以后一年内各期分别负担的各项费用。发生特摊费用时,记"待摊费用"账户的借方,月末按规定分摊时,记"待摊费用"账户的贷方1月末余额为已经发生或支付,尚未摊销的费用,"待摊费用"账户按照费用种类设置明细账。

2. 预提费用的核算

预提费用是指先分月计入产品(或劳务)成本,但在以后月份才支付的费用。这种费用虽然尚未支付,但各月已经受益,因而应该预先计入各月产品(或劳务)成本。如租入固定资产的大修理费、预提流动资金利息支出等。预提费用的预提也是根据谁受益谁负担的原则进行,几个月受益,就分几个月预提。预提期末,应将预提费用数额与实际支付的费用进行比较,两者的差额应计入预提期末月份的产品(或劳务)成本。

预提费用的核算应设置"预提费用"账户,用来核算企业预提计入成本、费用,但尚未实际支出的各项费用。企业按规定的条件预提费用时,计入"预提费用"账户的贷方。实际发生的费用,计入"预提费用"账户的借方,冲减预提费用,月末余额为已预提尚未支付的费用。本账户按照费用种类设置明细账。

八、已完工程实际成本的计算和结转

已完工程是指完成了预算定额规定的全部工作内容，在本企业不再需要进行加工的分部分项工程，这部分已完工程可以按期计算其实际成本，并按合同价格向建设单位收取工程价款。未完工程是指在期末尚未完成预算定额规定的全部工序与内容的分部分项工程。这部分未完工程不能向建设单位办理价款结算。在实际工作中，正确地确定当期已完工程的实际成本是与建设单位办理工程价款结算的需要，也是施工企业考核本期工程成本完成情况的需要。一方面它反映了各个施工项目在施工过程中发生的实际耗费，以便用来考核和分析工程预算的执行结果；另一方面是用它与工程价款结算收入相比较，以确定项目实现了多少利润。经过对本月（或本期）发生的成本项目的归集和分配，将本月（或本期）施工项目应负担的各项费用，都集中反映在“工程成本明细账”中了，为工程成本的定期结算和竣工后一次结算提供了必要的核算资料，在此基础上进行已完工程的实际成本计算和结转。根据工程价款结算方式的不同，计算工程实际成本的方法也不同。

1. 竣工后一次结算

施工项目实行竣工后一次结算工程价款时，已完工程即指已经建设单位和施工单位双方验收，办理竣工决算，交付使用的工程。该工程平时发生的费用，按期计入“工程成本明细账”的有关成本项目。竣工时，“工程成本明细账”中登记的工程成本累积总额，就是该竣工工程的实际成本。其计算公式如下：

竣工工程实际成本＝期初账面成本余额＋本期成本发生额

通过上述方法，计算出工程实际成本后，应当及时结转。结转的时间与工程价款结算时间一致，借记“工程结算成本”，贷记“工程施工——XX工程”。

2. 按月（或季）定期结算

按月（或季）定期结算工程价款的工程，其本期已完工程实际成本应按以下公式计算。

已完工程成本＝期初未完工程成本＋本期工程成本发生额－期末未完工程成本

显然，式中“期初未完工程成本”及“本期工程成本发生额”都可以从“工程成本明细账”中取得，唯一需要计算的是期末未完工程成本。一般情况下，施工单位期末未完工程量占本期全部工程量比重较小，月初、月末的未完工程量变化也不大，因此，为了简化核算手续，通常可以把月末未完工程的预算成本，视同为未完工程的实际成本。期末未完工程的预算成本可用以下两种方法计算。

(1)估量法

估量法又称“约当产量法”，是根据在施工现场盘点后确定的未完工程实物量，经过估计，将之折合成相当于已完分部分项工程实物量，然后乘以该分部分项工程的预算单价计算求得。其计算公式如下：

期末未完工程的预算成本＝期末未完工程折合为已完分部分项工程量
×该分部分项工程的预算单价

(2)估价法

施工项目中的分部分项工程都是由各道工序组成的，工序是工程最基本的施工单位。因此，未完工程也可以说是只完成了该分部分项工程的若干工序而尚未完成全部工序的工程。估价法就是先确定分部分项工程内各道工序耗用的直接费占整个预算单价的百分比，计算出每道工序的单价，然后乘以未完工程中各道工序的工程量，从而确定未完工程的预算成本。

按估价法计算未完工程的预算成本，先要计算出每道工序的单价，如果分部分项工程的工序过多，应将供需适当归并，计算每一扩大工序的单价，然后再乘以未完工程各扩大工序的工程量。由于计算手续比较复杂，所以在实际工作中，采用估价法计算未完工程预算成本的不多。

本章小结

本章在遵循我国现行相关会计准则的前提下，给予成本假定和原则，介绍了建设工程成本核算对象的确定，阐述了建设工程成本核算的五个项目，介绍了建设工程成本的总分类核算和明细分类核算，还介绍了建设工程全面成本台账的管理。

复习思考题

1. 成本和费用的区别在于(　　)

A. 成本是针对一定期间而言的　　B. 费用是针对一定的成本核算对象而言的

C. 费用是针对一定期间而言的　　D. 费用是针对某工程而言的

2. 施工企业在核算产品成本时，是按照(　　)来归集企业在施工生产经营过程中所发生的各项费用。

A. 制造费用　　B. 成本项目　　C. 生产成本　　D. 材料费用

3. 企业的业务招待费，属于(　　)包括的内容。

A. 预提费用　　B. 投资损失　　C. 营业外支出　　D. 管理费用

4. 施工企业一般应以每一独立签订建造合同的单位工程为依据，并结合企业施工组织的特点和加强工程成本管理的要求，来确定(　　)

A. 成本项目　　B. 生产成本

C. 工程成本核算对象　　D. 建造合同成本

5. 下列各项中，属于施工企业成本核算基础工作的是(　　)

A. 加强费用开支的审核　　B. 严格遵守国家规定的成本开支范围

C. 建立健全原始记录制度　　D. 划清各种费用界线

6. 支出涵盖若干个会计年度，在财务上不能一次列入建筑产品成本，只能按期逐月摊入成本、费用的是(　　)

A. 待摊费用　　B. 资本性支出　　C. 营业费用　　D. 投资性支出

7. 按照规定开支范围对施工费用进行归集，计算出施工费用的实际发生额，并根据成本核算对象，采用适当的方法，计算出该施工项目的总成本和单位成本，该项工作是指(　　)

A. 成本预测　　B. 成本计划　　C. 成本核算　　D. 成本考核

8. 下列各项中，属于施工企业工程项目台账内容的有(　　)

A. 预付备料款　　B. 已付工程进度款

C. 工程合同总价　　D. 合同变更调整金额

E. 利润表中确认的合同收入

第六章 建设工程成本分析与考核

【学习重点与目标】

1. 建设工程成本分析的概念；
2. 建设工程成本分析的方式；
3. 建设工程成本分析的方法；
4. 建设工程成本考核的内容。

第一节 建设工程成本分析概述

一、建设工程成本分析的概念

分析是人们认识客观事物本质特征及其发展规律的一种逻辑思维方式。成本分析，是对一定时期内企业成本计划完成情况的全面评价，旨在揭示和测定影响成本变动的主要原因及其影响程度，总结成本管理工作的经验和教训，开创成本降低的途径，促使企业成本不断降低。

成本分析是成本管理的一项重要工作，它主要是以成本核算提供的成本数据为基础，遵循一定的分析原则，采用一定的分析方法，对影响成本的各种因素进行计算分析，找出成本升降的主要原因，并根据企业目前的实际情况和各种条件，制订出切实可行的成本降低方案，从而更好地指导后期的成本管理工作。

建设工程成本分析，指利用成本核算提供的成本信息为依据，按照时间的先后顺序和一定的程序，运用专业的科学方法，对成本计划的执行情况进行分析，据以评价企业的成本管理工作的一项活动。通过成本分析，可以进一步寻求降低成本的途径，增强建设工程项目成本的透明度和可控性，加强成本控制。建设工程成本分析是建设工程成本管理的重要组成部分，应该随着建设工程的进展，动态地、多形式地开展，而且要与生产诸要素的经营管理工作相结合。

二、建设工程成本分析的任务

建设工程成本分析的任务就是对建设工程成本的变动因素进行分析，正确评价成本计划的执行情况。建设工程的生产经营活动是错综复杂的，分析成本计划的执行情况，不仅需要了解成本计划的最终结果，还需在此基础上，通过分析，明确责任，对成本计划的执行情况做出正确的评价，以免发生是非不分、责任不清的问题，并通过成本分析与考核奖惩制度相结合的方式，提高员工的积极性。

影响建设工程成本变动的因素有两个方面，一是属于市场经济的外部因素，二是属于项目经营管理的内部因素。影响建设工程成本变动的外部因素主要包括：项目的规模、技术装备水平、项目专业化和协作的水平等；影响建设工程成本变动的内部因素包括：人工费用水平的合理性、劳动生产率的高低、材料的消耗水平、能源和机械设备的利用效果、项目质量水平的高低等。由于影响建设工程成本变动的市场经济因素不是在短期内所能改变的，因此，建设工程成本分析的重点是分析影响项目成本变动的内部因素，查明其对成本费用变化的影响，掌握生产经营环节中所存在的问题并采取有效措施，不断改善和提高成本管理水平，降低成本费用，提高项目的经济效益。

三、建设工程成本分析的原则

在进行建设工程成本分析时，应遵循以下原则：

1. 实事求是

在进行成本分析工作时，必然会涉及与成本工作相关的人和事，伴随着奖惩措施。进行奖惩措施时，会影响人的情绪，乃至影响成本分析的效果。因此，成本分析一定要有充分的事实依据，应该用“一分为二”的辩证方法，对事物进行实事求是的评价，并要尽可能做到措辞恰当，能为绝大多数人所接受。

2. 定量分析与定性分析相结合

建设工程成本状况及其变动，即有质的特征，又有量的界限。因此，进行建设工程成本分析包括定性和定量两个方面。定性分析在于揭示影响建设工程成本各因素的性质、内在联系及其变动趋势；定量分析在于确定成本指标变动幅度及其各因素的影响程度。定性分析是定量分析的基础，定量分析是定性分析的深化，两者相辅相成，互为补充，缺一都不能发挥成本分析的作用。

3. 成本分析与技术经济指标相结合

技术经济指标是指反映建设工程技术经济情况并且与施工方案、技术、工艺等密切相关的一系列指标。建设工程各项技术经济指标的完成情况，都将直接或间接地影响到建设工程成本的变化。因而，只有结合技术经济指标的变动对建设工程成本进行分析，才能深入成本分析，从根本上查明影响成本波动的具体原因，寻求降低成本的途径。另一方面，通过成本分析，也可以从资金耗费效果上促进项目经理部各部门更好地完成各项技术经济指标，有利于从经济的角度，改善项目的施工状况。

4. 成本分析与成本责任制相结合

在建设工程项目内部，建立健全完善的成本责任制，把成本分析工作与各部门经济效果和工作质量的考核、评比和奖惩工作结合起来，是成本分析工作深入持久的必要保证。在完善的成本责任制下，企业应根据各部门的特点和责任范围，开展班组成本分析、施工队成本分析和工程项目成本分析，把成本分析植根于广泛深入的调查研究之中。尤其是班组、施工队一级的成本分析，应根据项目施工生产情况，适当选择一定专题作为分析的主要内容，并逐渐缩短分析的时期（如运用程序），这样，才能为成本分析的有效控制提供有价值的成本信息。

四、建设工程成本分析的内容

成本分析应该为生产经营服务，建设工程成本分析的内容应与成本核算对象的划分同步。如果一个工程项目包括若干个单位工程，并以单位工程为成本核算对象，就应该对单位工程进行成本分析。与此同时，还要在单位工程成本分析的基础上，进行整个建设工程的成本分析。

建设工程成本分析与单位工程成本分析尽管在内容上有很多相同的地方，但各有不同的侧重点。总体上说，建设工程成本分析的内容应该包括以下三个方面：

1. 按项目施工的进展进行的成本分析

（1）分部分项工程成本分析

（2）月（季）度成本分析

（3）年度成本分析

（4）竣工成本分析

2. 按成本项目进行的成本分析

（1）人工费分析

（2）材料费分析

（3）施工机具使用费分析

（4）企业管理费分析

（5）利润、规费、税金分析

3. 针对特定问题和与成本有关事项的分析

（1）施工索赔分析

（2）成本盈亏异常分析

（3）工期成本分析

（4）资金成本分析

（5）技术组织措施节约效果分析

（6）其他有利因素和不利因素对成本影响的分析

此外，建设工程成本分析还可以分为单位成本分析和总成本分析两大内容。单位成本分析是针对单位工程进行的成本分析，总成本分析是针对一定时期内项目经理部或企业完成的全部建设工程项目的总成本进行的成本分析。

五、建设工程成本分析的依据

建设工程成本分析，需要根据会计核算、业务核算和统计核算提供的资料，对施工成本的形成过程和影响成本升降的因素进行分析，以寻求进一步降低成本的途径。通过成本分析，可从账簿、报表反映的成本现象看清成本的本质，从而增强建设工程项目的成本的透明度和可控性，为加强成本控制和实现成本目标创造条件。

1. 会计核算

会计核算主要是价值核算。会计核算通过设置账户、填制和审核凭证、以借贷记账法登记账簿、成本核算、财产清查、编制会计报表等一系列有组织、系统的方法，来记录企业的一切生产经营活动，并据以提出一系列以货币反映的、有关各种综合性经济指标的数据。资产、负债、所有者权益、收入、费用和利润等会计六要素，是会计核算的主要内容。由于会计核算具有连续性、系统性、综合性、可比性等特点，所以是成本分析的重要依据。

2. 业务核算

业务核算是各业务部门根据业务工作的需要而建立的核算制度，包括原始记录和计算登记表，如单位工程及分部分项工程进度登记、质量登记、工效、定额计算登记、物资消耗定额记录、测试记录等。就核算范围而言，业务核算比会计核算、统计核算更广，会计核算和统计核算一般是对已经发生的经济活动进行核算，而业务核算不但可以对已经发生的，还可以对尚未发生的和正在发生的经济活动进行核算，测算是否有经济效果。业务核算的特点是对个别的经济业务进行单项核算，且随时可以进行。例如各种技术措施、新工艺等项目，可以核算已经完成的项目是否达到原定的目的、取得预期的效果，也可以对准备采取措施的项目进行核算和审查，看是否有效果。业务核算的目的，在于迅速取得资料，在经济活动中及时采取措施进行调整。

3. 统计核算

统计核算是利用会计核算和业务核算资料，把企业生产经济活动客观现状的大量数据，按统计方法加以系统整理，表明其规律性。统计核算的计量尺度比会计核算的宽，既可以用货币计量，也可以用实物或劳动量计量。统计核算通过全面调查、抽样调查等特有的方法，不仅能提供绝对数指标，还能提供相对数和平均数指标；既可以计算当前的实际水平，确定变动速度，也可以预测发展趋势。

六、建设工程成本分析的方式

建设工程成本分析有两种方式：一种是公司（施工企业）层面的成本分析；另一种是项目部的成本分析。

1. 公司层面的成本分析

公司层面的成本分析的对象是整个建设工程项目。项目的实际成本不仅包括项目经理部实际发生的成本，也包括与该项目有关的其他责任中心（如公司材料供应站、公司设备租赁站、公司料具租赁站等）的成本。因此必须将项目经理部和其他责任中心的成本降低额计入有关成本项目(如人工费、材料费、施工机具使用费等),完成公司层面的项目成本分析。

(1)公司层面成本分析的时间选择

公司层面的成本分析从时间周期看,有季度分析和年度分析两种。

① 季度分析。季度分析一般为公司主管部门的专项分析,一般由公司成本主管部门或财务部门负责起草和提供分析报告,由相关部门进行分析。专项分析的形式和内容可以多种多样,具体由公司根据管理问题进行总结或剖析。

② 年度分析。年度分析一般由公司成本主管部门或财务部门对上一年的各个建设工程项目的成本执行情况进行分析,从而实现分析问题、提出对策,提高公司成本管理水平的目的。

公司开展施工项目成本分析的常规工作流程如图 6-1 所示。

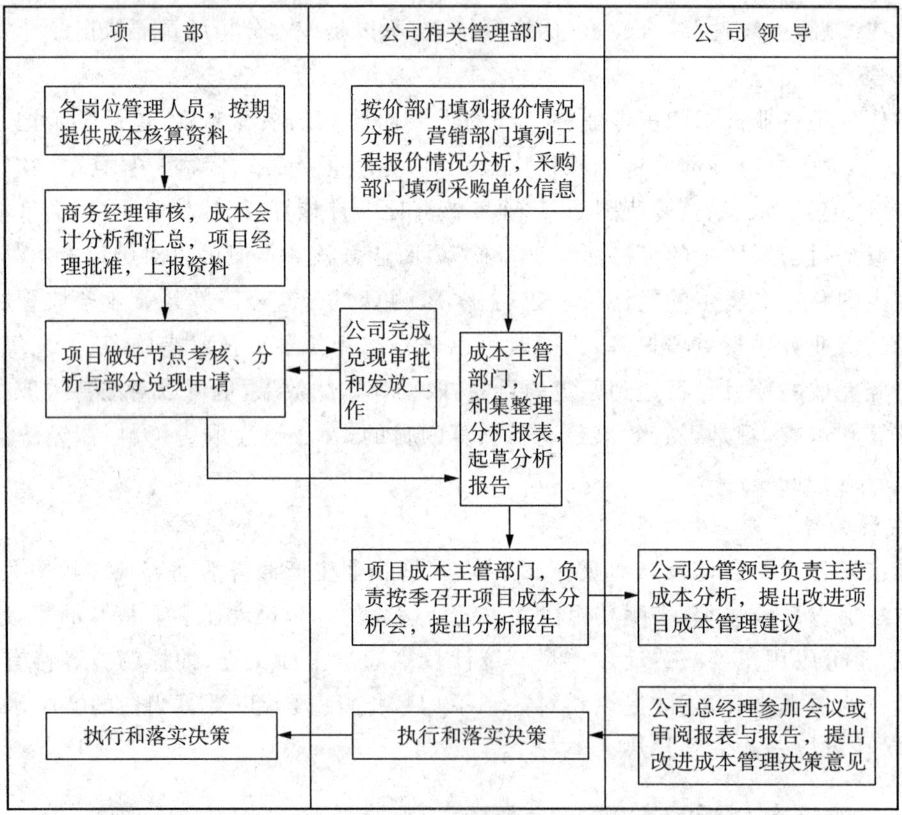

图 6-1 公司层面成本分析流程

(2)公司层面成本分析的主要内容

公司层面的成本分析的内容通常以表格形式反映,常有的有以下几种:

① 中标项目基本情况分析。主要通过价本分析和项目管理目标的统计分析,掌握公司所属各个建设工程项目的责任成本落实情况,以利于提高公司的成本管理水平,主要分析内容见表 6-1。

表 6-1　公司中标项目基本情况分析表

编制单位：　　　　　　　　　　　　　　　　　　　　　　　　　　　　　　　　　单位：万元

项目基本情况						项目价本分离情况						项目其他情况		
项目编号	项目名称	结构类型	面积	报价方式	其中：自行完成	中标价(或合同造价)	项目标准成本	项目合同毛利	项目合同毛利率/(%)	项目责任成本总额	项目非责任成本总额	项目经理	质量、安全标准	形式竣工时间
1	2	3	4	5	6	7	8=11+12	9=7-8	10=9/7	11	12	13	14	15

② 施工节点成本情况分析。主要分析公司所属各个建设工程项目责任成本控制的实际效果，同时也通过节点(或阶段，一般按工程形象进度划分)考核与统计，提高管理时效性和企业内部的诚信能力，有利于提高项目的成本管理自觉性。主要分析内容见表 6-2。

表 6-2　公司建设工程项目节点成本分析表

编制单位：　　　　　　　　　　　　　　　　　　　　　　　　　　　　　　　　　单位：万元

项目基本情况					当前节点考核与分析						累计进度考核与分析				
项目编号	项目名称	合同收入(含变更)	合同成本(含变更)	项目毛利(含变更)	考核节点	当期收入	当期总成本节余	当前责任成本收入	当期责任成本支出	当期责任成本节余	当前节点	累计总成本节余	累计项目责任成本收入	累计项目责任成本支出	累计项目责任成本节余
1	2	3	4	5=3-4	6	7	8	9	10	11=9-10	12	13	14	15	16=14-15

③ 建设工程项目资金收支情况分析。主要分析公司所属的各个建设工程项目的工程款项收支情况，帮助公司掌握发包方的款项支付情况以及本公司的资金收支情况，对于提高资金安全运行，保证工程顺利施工和履约，防范公司财务风险有重要意义。主要分析内容见表 6-3。

表 6-3　公司建设工程项目资金收支分析表

编制单位：　　　　　　　　　　　　　　　　　　　　　　　　　　　　　　　　　单位：万元

项目基本情况					项目款项收取与支用情况							收款分析			
项目编号	项目名称	合同价	变更收入	预计结算值	收款约定	合同约定应收款		实际收款		其中：项目支出		其中：预算收益款项		根据合同拖欠款	
						累计	当期	累计	当期	累计	当期	累计	当期	累计	当期
1	2	3	4	5=3+4	6	7	8	9	10	11	12	13=9-11	14=10-12	15=7-9	16=8-10

④ 报告期生产要素市场价格。通过公司经营区域的市场，按要素的价格情况统计，有利于公司分析和判断市场价格水平和生产要素的变化趋势，实现控制采购成本的目的。同时，也有利于提高公司投标报价的准确性。主要统计内容见表 6－4 所示。

表 6－4　生产要素市场价格统计表

编制单位：　　　　　　　　　　　　　　　　　　　　　　　　　　单位：万元

序号	要素种类	单位	价格	备注	序号	要素种类	单位	价格	备注
一	劳务								
1	水工				3	混凝土工			
2	瓦工								
二	主要材料								
1	钢材	t			7	混凝土			
	圆材	t				C30	m^3		
	螺纹钢	t				C40	m^3		
2	木材	m^3			8	砌块	m^3		
	5cm 木材	m^3			9	钢管	t/日		
3	水泥	t			10	扣件	t/日		
	强度等级 32.5	t			11	竹夹板	m^2		
4	红砖	块			12	木夹板	m^2		
5	砂子	t							
6	石子	t							
三	大型机械								
1	塔式起重机	台班			2	电梯	台班		
	塔式起重机	台班			3	混凝土输送泵	台班		
	塔式起重机	台班							
四	检验试验费								
五	活动房屋								
1	彩钢板房								
2	普通板房								

2. 项目部的建设工程成本分析

成本会计每月（节点）按成本费用项目进行施工成本分析，提出项目截至本月（节点）累计成本完成水平，并逐项分析各项费用本月（节点）盈亏情况，寻找节超原因，提供给项目经理参考。项目经理根据成本会计提供的成本分析情况，定期或不定期地召开项目经济活动分析会，总结经验，汲取教训，为下月（节点）成本控制制订对策。

项目部开展施工项目成本分析的常规工作流程如图 6－2 所示。

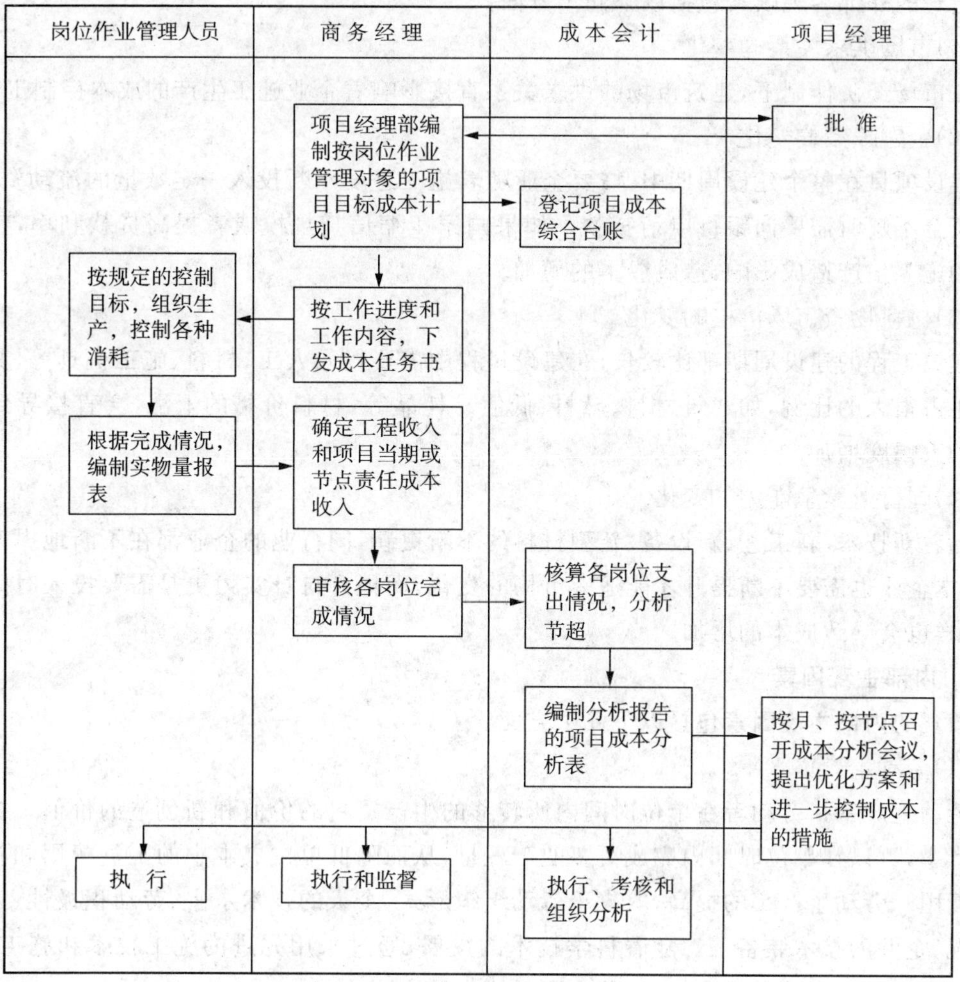

图 6－2　项目部成本分析流程

七、建设工程成本分析的影响因素

建设工程成本的高低是各因素综合影响的结果。这些因素性质不同，且彼此之间有着或多或少的联系，使建设工程的成本水平处于连续不断的动态变化之中。要做好成本分析的工作，首先必须了解影响成本的各个因素。

影响成本的因素可以分为宏观的外部因素和微观的内部因素两大类。外部因素又称为外部客观因素，其变化会对成本造成影响，但是这种因素企业和项目经理部无法控制，属于国民经济宏观范围，这种因素对施工生产起间接作用。如人工价格的变化、折旧率的变化等。内部因素又称为内部主观因素，是指那些由于企业或项目经理部的管理水平高低而引起的成本变化的因素，与施工生产密切相关，是决定成本高低的关键因素。如消耗定额的变化、劳动生产率的高低等等。

1. 外部客观因素

宏观的外部客观因素包括以下几个方面：

(1)市场供求关系的变化

在市场经济体制下，建筑市场的供求关系直接影响着企业施工生产的成本控制工作。

(2)金融政策的变化

建设项目在整个建设周期中，需要企业随着施工进度不断投入一定数量的流动资金，而企业资金不够时需要向银行申请贷款。如果国家压缩信贷规模或者提高贷款利率，都会对企业的施工生产造成影响，造成成本的增加。

(3)材料物资市场价格的变化

建设工程的建设周期都比较长，在建设过程中需要投入人工、材料、施工机具等，其中材料费用占很大的比例，如建筑材料、燃料、低值易耗品等，材料价格的上涨，会直接导致施工成本的大幅度增加。

(4)同行业竞争能力的变化

随着新技术、新工艺、新设备、新型材料的不断更新，同行业的企业都在不断地提升竞争实力，本企业也需要不断提升才能适应市场的变化，而提升自身实力更是需要投入时间和资金，同样也会导致成本的增加。

2. 内部主观因素

微观的内部主观因素包括以下几个方面：

(1)劳动生产率水平

劳动生产率指劳动者在单位时间内所转移的生产资料的价值和新创造的价值。提高劳动生产率，可以在单位时间内完成更多的工程量，从而降低单位成本中的工资费用和相关的其他费用。劳动生产率的提高，取决于劳动组织形式、个人的技术水平、劳动积极性、工时利用情况、企业的技术装备等。随着科学技术的发展，通过采用先进的施工技术和施工设备，可以大幅度的提高劳动生产率，以此为降低成本的主要途径。

(2)材料、燃料及动力消耗情况

材料是工程实体的主要构成部分，燃料及动力是施工机具工作的能源，在成本构成中占有很大的比重。在保证工程质量的前提下，通过材料的综合利用、提高能源利用率、改进材料的采购及管理等一系列措施，可以降低成本。

(3)施工机具利用情况

提高施工机具的利用率，改善施工机具的工时利用情况，加强设备的管理和维修工作，做好机具的清理调配工作，充分发挥机具的施工生产能力，可以减少施工机具的折旧费和维修费，进一步降低成本。

(4)施工工艺技术水平

建设工程的施工方案的合理性、施工工艺和技术的先进性，也是影响成本的一个重要的因素。采用先进的施工工艺和技术，采用合理的施工方案，可以提供劳动效率，减少材料、燃料及动力的消耗，从而降低成本。

(5)成本管理水平

加强建设工程的成本管理工作，严格控制成本计划的执行，随时消除不利因素对建设工程的影响，是降低成本的保证。

进行建设工程成本分析时，应该先分清影响成本的客观因素和主观因素，重点关注主观因素的影响，排除客观因素的影响。其中客观因素又分为两大类：一种是在编制建设工程成本计划时已经考虑在内的因素；另一种是未能考虑到的因素。对于后一种因素，如果包含字实际成本中，应及时排除其影响，否则会影响成本分析的可靠性。因此，应根据建设工程成本核算提供的数据，找出影响成本的客观因素，从总成本中扣除，然后再将实际成本与计划成本相比较，这样便于客观评价成本管理工作的业绩。影响成本的客观因素和主观因素是相互作用的，并随着工程进度不断发生改变。因此，在进行成本分析时，既要分辨出主观因素和客观因素，又要分辨出积极因素和消极因素，这样才能对成本管理工作作出客观的分析和评价。

第二节　建设工程成本分析的方法

建设工程成本涉及的范围很广，需要分析的内容很多，成本分析的方法也很多。成本分析的具体方法见表 6－5。

表 6－5　建设工程成本分析的方法

序号	方法类别	方法内容
1	成本分析的方法	比较分析法
		因素分析法
		差额计算法
		比率分析法
2	综合成本分析法 （随项目进展而进行的成本分析）	分部分项工程成本分析
		月（季）度成本分析
		年度成本分析
		竣工成本综合分析
3	成本项目分析法 （按成本项目进行的成本分析）	人工费分析
		材料费分析
		施工机具使用费分析
		其他费用分析

（续表）

序号	方法类别	方法内容
4	专项成本分析法 （针对特定问题和与成本有关事项的分析）	成本盈亏异常分析
		质量成本分析
		工期成本分析
		资金成本分析
		技术组织措施执行效果分析
		其他有利因素和不利因素对成本影响的分析

一、成本分析的基本方法

1. 比较分析法

比较分析法，主要是通过对各类相关的成本数据进行分析比较，以判断成本的演变趋势。比较分析法主要有纵向比较、横向比较、差异比较3种。

(1)纵向比较

纵向比较是指与历史成本的比较分析，如本期实际指标与上期实际指标对比。通过这种对比，可以看出各项技术经济指标的动态变化，反映项目管理水平的高低，同时分析结果可以作为对建设工程成本目标修正的依据。

(2)横向比较

横向比较是指与同行业成本资料的比较分析，如本期实际指标与本行业先进水平、平均水平对比。通过这种对比，可以反映本项目的技术管理和经营管理水平与其他项目的先进水平、平均水平的差距，进而采取措施，争取赶超行业先进水平。

(3)差异比较

差异比较是指本期实际指标与目标指标对比，通过这种对比，可以检查目标的完成情况，分析完成目标的积极因素，以便采取措施，保证成本目标的实现。

这三种比较方法，如以下例题6-1所示。

例6-1 某项目本年节约“钢材、水泥、木材”的目标节约额度为660万元，实际节约675万元，上年节约670万元，本项目先进水平节约700万元。根据上述资料编制分析表（如表6-6所示）。

表6-6 某项目成本分析表

单位：万元

指标项目	本年目标数	上年实际数	企业先进水平	本年实际数	差异数		
					与目标比	与上年比	与先进比
钢材、水泥、木材节约数	660	670	700	675	+15	+5	−25

2. 因素分析法

任何经济现象都不是独立存在的，某一现象与其他经济现象之间必然存在着一定的因果关系，分析这种关系的方法叫因素分析法。因素分析法，又称为连环替代法，是指利用指数分析，通过指数体系，分析各个因素的变动对成本的影响程度，从数量上说明成本变动的具体原因。因素分析法，按照所分析的因素的多少，可以分为两因素分析法和多因素分析法。在进行分析时，首先要假定众多因素中的一个因素发生了变化，而其他因素保持不变，在第一个因素变动的基础上分析第二个因素的变动，然后逐个替换，并分别比较其计算结果，以确定各个因素的变化对成本的影响程度。因素分析法的计算步骤如下：

(1)确定某一项目成本指标是由哪些因素所组成的，并确定这些因素与该指标之间的关系，计算出改成本指标实际值与计划值的总差异。

(2)将影响该成本指标的各个因素进行排序。排序的原则是：先实物量，后价值量；先绝对数，后相对数。

(3)以计划数为基础，将各个因素的计划值按照排序进行相乘，作为基数。

(4)按照各因素的替换顺序，将各个因素的实际值逐一替换其计划值，然后把这个指标与该因素替代前的指标相比较，确定该因素变动所造成的影响。

(4)各个因素的影响程度之和，应与分析对象的总差异相等。

例 6－2　某工程公司浇筑一层结构商品混凝土，目标成本为 1738800 元，实际成本为 1759500 元，与目标成本相比增加 20700 元。根据表 6－3 的资料，用“因素分析法”分析其成本增加的原因。

表 6－7　商品混凝土目标成本与实际成本的对比表

指标项目	单位	目标成本	实际成本	差异
产量	m^3	1200	1150	－50
单价	元	1400	1500	＋100
损耗率	%	3.5	2	－1.5
成本	元	1738800	1759500	＋20700

(1)分析对象是浇筑一层商品结构混凝土的成本，实际成本与目标成本的差额为 20700 元。

(2)该指标是由产量、单价、损耗率三个因素组成的，其排序见表 6－7。

(3)以目标数 1738800(1200×1400×1.035)为分析替代的基数。

第一次替代：产量因素以 1150 替代 1200，得 1666350 元，即 1150×1400×1.035＝1666350(元)。

第二次替代：单价因素以 1500 替代 1400，并保留上次替代后的因素值，得 1785375 元，即 1150×1500×1.035＝1785375(元)。

第三次替代：损耗率因素以 1.02 替代 1.035，并保留上两次替代后的因素值，得

1759500，即 1150×1500×1.02＝1759500(元)。

(4)计算差额。

第一次替代与目标数(基数)的差额＝1666350－1738800＝－72450(元)。

第二次替代与第一次替代的差额＝1785375－1666350＝119025(元)。

第三次替代与第二次替代的差额＝1759500－1785375＝－25875(元)。

分析的结果：产量减少使成本减少 72450 元，单价提高使成本增加 119025 元，而损耗率下降使成本减少 25875 元。

(5)各因素的影响程度之和＝－72450＋119025－25875＝20700(元)，与实际成本和目标成本的总差额相等。

为了使用方便，也可以通过运用因素分析表来求出各因素的变动对实际成本的影响程度，其具体形式见表 6-8。

表 6-8　商品混凝土成本变动因素分析表

顺序	连环替代计算	差异(元)	因素分析
目标数	1200×1400×1.035		
第一次替代	1150×1400×1.035	－72450	由于产量减少 $50m^3$，成本减少 72450 元
第二次替代	1150×1500×1.035	119025	由于单价提高 100 元，成本增加 119025 元
第三次替代	1150×1500×1.02	－25875	由于损耗率下降 1.5%，成本减少 25875 元
合计	－72450＋119025－25875＝20700	20700	

必须说明，在应用“因素分析法”时，各个因素的排列顺序应该固定不变，若改变顺序，就会产生不同的计算结果，也会得出不同的结论。

3. 差额计算法

差额计算法是因素分析法的一种简化形式，它利用各个因素的目标值与实际值的差额来表示其对成本的影响程度。

例 6-3　某公司某月的实际成本降低额资料如下：预算成本 850 万元，实际成本 900 万元，目标成本降低额 17 万元，实际成本降低额 19.8 万元，成本降低额超出了 2.8 万元，目标成本降低率 2%，实际成本降低率 2.2%，详细资料见表 6-9。

表 6-9　目标成本降低额与实际成本对比表

指标项目	单位	目标	实际	差异
预算成本	万元	850	900	＋50
成本降低率	%	2	2.2	＋0.2
成本降低额	万元	17	19.8	＋2.8

根据表 6-9 的资料，应用“差额计算法”分析预算成本和成本降低率对成本降低额的影响程度。

(1)预算成本增加对成本降低额的影响程度为：(900－850)×2％＝1(万元)

(2)成本降低率提高对成本降低额的影响程度为：(2.2％－2％)×900＝1.8(万元)

以上两项合计：1＋1.8＝2.8(万元)

4. 比率分析法

比率分析法是通过计算指标之间的比率，进行数量分析的一种方法。常用的比率分析法主要有以下几种：

(1)相关比率分析法

相关比率分析法是指通过计算两个性质不同但又相互联系的指标的比率，并将实际数与计划数(或前期实际数)进行对比分析的一种方法。如将成本指标与反映生产、销售等生产经营成果的产值、销售收入、利润指标相比较，就可以反映项目经济效益的好坏。

(2)构成比率分析法

构成比率分析法是指通过计算某指标的各个组成部分占总体的比重，进而进行成本分析的数量分析方法。如将构成项目成本的各个成本项目与项目成本总额相比较，计算其占项目成本总额的比重，确定成本构成的比率，反映项目成本的构成情况。将不同时期的成本构成比率相比较，就可以分析项目成本构成的变动，并掌握经济活动情况及其对项目成本的影响。

(3)动态比率分析法

动态比率分析法是将同类指标不同时期的数值进行对比，求出比率，用以分析该项指标的发展方向和发展速度的一种分析方法。动态比率的计算通常采用基期指数和环比指数两种方法。

通过以上几种比率法计算得出的有计划完成相对指标、比较相对指标、动态相对指标、结构相对指标、强度相对指标等。

(1)计划完成差额指标

计划完成差额指标是以实际完成数与计划任务数的差值来表示计划执行的绝对效果。其计算公式为

$$\text{计划完成差额指标}=\text{完成指标}-\text{计划指标}$$

(2)计划完成相对指标

计划完成相对指标是将实际完成数与计划任务数相比，反映计划完成程度，用百分数表示。其计算公式为

$$\text{计划完成相对指标}=\frac{\text{完成指标}}{\text{计划指标}}\times 100\%$$

在对计划完成相对指标的计算结果进行评价时，要以计划指标的性质和要求作为评价的标准。如果计划任务用最低限量规定，那么计划完成相对指标要大于等于100％为好，比如工程结算收入；如果计划任务用最高限量规定，那么计划完成相对指标要小于100％为好，比如工程成本。

例 6－4 某建筑公司进行某项目的施工，将该工程的单位成本计划完成差额指标和计划完成相对指标进行分析，见表 6－10。

表 6－10 某项目单位成本分析表

工程名称：生产车间　　　　单位：万元

成本项目	单位成本		计划完成差额指标	计划完成相对指标
	实际	计划		
人工费	209.16	211.76	－2.60	98.77％
材料费	223.37	225.59	－2.22	99.02％
施工机具费	116.68	119.12	－2.44	97.95％
其他费用	30.57	31.03	－0.46	98.52％
合计	579.78	587.50	－7.72	98.69％

通过上表中的数据所示，将实际指标与计划指标对比，以检查计划的完成情况，分析完成计划的积极因素和影响计划完成的原因，以便及时采取措施，保证成本目标的实现。在进行实际指标与计划指标的对比时，还应注意计划本身的质量。如果计划本身出现质量问题，则应调整计划，重新正确评价实际工作的成绩，以免打击员工的积极性。

(3)比较相对指标

比较相对指标是同一时间同类现象在不同地区、企业之间的指标对比，借以反映不同地区、企业同类现象发展的差异。一般用百分数或者倍数表示，其计算公式为

$$比较相对指标=\frac{甲地区（企业）的某种指标}{乙地区（企业）的同类指标}$$

通过比较相对指标，建设工程项目可以将自身的实际水平与同类项目的平均水平或先进水平相比较，借以反映本项目的管理水平与其他同类什么的平均水平或先进水平的差距，进而采取措施赶超先进水平。在进行比较时，采用哪种指标作为比较基础，应根据研究目的决定。一般情况下，比较相对指标的分子和分母可以互换，以便从不同角度来说明问题。

例 6－5 某建筑公司某项目部在进行施工，将该工程的单位成本与同类项目的先进水平进行比较，见表 6－11。

表 6－11 某项目单位成本与同类施工先进水平的比较分析

工程名称：生产车间　　　　单位：万元

成本项目	单位成本		比较相对指标(％)
	实际	先进水平	
人工费	209.16	204.55	102.25
材料费	223.37	221.84	100.69

（续表）

成本项目	单位成本		比较相对指标(%)
	实际	先进水平	
施工机具费	116.68	115.62	100.92
其他费用	30.57	30.36	100.69
合计	579.78	572.37	101.29

(4)动态相对指标

动态相对指标是同一研究对象在不同时间上的同类指标对比而得出的相对指标，用来表示某一技术经济指标在不同时间上的发展方向和变化的程度。在进行分析时，将用来比较的标准期成为基期，用来进行比较的时期成为报告期。动态相对指标一般用百分比或倍数表示，期计算公式为

$$动态相对指标=\frac{报告期技术经济指标}{基期同类技术经济指标}\times 100\%$$

根据基期的选择不同，动态相对指标可以分为以下两类。

① 定基动态相对指标，是各个报告期与固定期实际水平之比，表明某种现象在较长时期内总的发展程度，也称为定基发展速度。

② 环比动态相对指标，是各个报告期与前一期的实际水平之比，表明某种现象逐期发展的速度，也称为环比发展速度。

例 6-6 某工程项目 2016 年四个季度的成本降低额见表 6-12，请采用动态比率法进行成本分析。

表 6-12 成本降低额动态比较表

项目	第一季度	第二季度	第三季度	第四季度
成本降低额/千元	45.60	47.80	52.50	64.30
定基动态相对指标/(%)		104.82	115.13	141.01
环比动态相对指标/(%)		104.82	109.83	122.48

通过对比，可以看出各项技术经济指标的动态变化情况，反映了该项目的项目管理水平的提高。一般情况下，一个技术经济指标只能代表建设工程项目的管理水平的一个方面，只有成本指标才能综合反映建设工程项目的综合管理水平，因此成本指标的对比分析尤为重要，一定要真实可靠。

(5)结构相对指标

结构相对指标是将某一技术经济指标中的各个组成部分的数值与该指标的数值进行对比。主要用来反映现象总体内部的构成情况，揭露现象的特点、性质和发展规律。一般用百分数表示，其计算公式为

$$结构相对指标=\frac{各构成部分的数值}{该指标的总数值}\times 100\%$$

通过结构相对指标的计算,可以考察成本总量的构成情况以及各成本项目占成本总量的比重,同时也可以看出量、本、利的比例关系(即预算成本、实际成本、降低成本的关系),从而寻求降低成本的途径。

例6-7 某建筑公司的某项目部采用结构相对指标对单位工程进行成本分析,见表6-13。

表6-13 单位成本构成比例分析表

单位:万元

成本项目	预算成本		实际成本		降低成本		
	金额	结构相对指标(%)	金额	结构相对指标(%)	金额	占本项(%)	占总量(%)
人工费	327	26.67	315	26.03	12	3.67	0.98
材料费	486	39.64	498	41.16	-12	2.47	0.98
施工机具费	269	21.94	254	20.99	15	5.58	1.22
企业管理费	32	2.61	29	2.40	3	9.38	0.24
规费	10	0.82	10	0.83	0	0	0
利润	87	7.10	89	7.36	-2	2.30	0.16
税金	15	1.22	15	1.24	0	0	0
单位总成本	1226	100	1210	100	16	1.31	1.31

(6)强度相对指标

强度相对指标是指两个有关联、但是性质不同的技术经济指标的对比。由于建设工程项目的各项经济活动是相互联系又相互影响的,因而将两个性质不同而又相关的指标加以对比,以此来考察经营成果。

比如产值和工资两个技术经济指标,性质不同,但又相互关联,是投入和产出的关系。一般情况下,都希望以最低的投入获得最大的产值。因此,可以用产值工资率来考核人工费的支出水平。

二、综合成本分析法

综合成本,是指涉及多种生产要素,并受多种因素影响的成本费用。如分部分项工程成本,月(季)度成本,年度成本等。由于这些成本都是随着建设工程的进度发展而逐步形成,与生产经营有着密切的关系。因此,做好建设工程成本的分析工作,将促进项目的生产经营管理,提高项目的经济效益。

1. 分部分项工程成本分析

分部分项工程成本分析是指针对建设工程主要的、已经完工的分部分项工程进行的成本分析，是工程项目成本分析的基础。通过分部分项工程成本分析，可以基本上了解项目成本形成的全过程，为竣工成本分析和后期的项目成本管理作依据。

分部分项工程成本分析的资料来源包括：预算成本（来自施工图预算）、计划成本（来自施工预算）、实际成本（来自施工任务单的实际工程量）、实耗人工和限额领料单的实耗材料等。

分部分项工程成本分析的方法是：进行预算成本、计划成本和实际成本的对比，分别计算实际偏差和目标偏差，分析偏差产生的原因，为今后的分部分项工程成本寻求节约途径。

分部分项工程成本分析表的格式见表6-14。

表6-14　分部分项工程成本分析表

单位工程：　　　　　　　　　　　　工程量：

分部分项工程名称：　　　　　　　　施工班组：　　　　施工日期：　　年　月　日—　　年　月　日

工料名称	规格	单位	单价	预算成本		计划成本		实际成本		实际与预算比较		实际与计划比较	
				数量	金额	数量	金额	数量	金额	数量	金额	数量	金额
合计													
实际与预算比较（预算成本＝100%）													
实际与计划比较（预算成本＝100%）													
节超原因说明													

编制单位：　　　　　　　　　　成本工程师：　　　　　　　　　　填表日期：

2. 月(季)度成本分析

月(季)度成本分析,是工程项目定期的、经常性的中间成本分析。建设工程项目具有一次性的特点,通过月(季)度成本分析,可以及时发现问题,以便按照成本计划进行监督和控制,保证项目成本目标的实现。月(季)度成本分析的依据是当月(季)的成本报表,分析的方法,通常有以下几种:

(1)通过实际成本与预算成本的对比,分析当月(季)的成本降低水平;通过累计实际成本与累计预算成本的对比,分析累计的成本降低水平,预测实现项目成本目标的前景。

(2)通过实际成本与计划成本的对比,分析计划成本的落实情况以及目标管理中的问题和不足,进而采取措施。加强成本管理,保证成本计划的落实。

(3)通过对各成本项目的成本分析,可以了解成本总量的构成比例和成本管理的薄弱环节。对超支幅度大的成本项目,应该分析其超支原因,并采取相应的改进措施;对预算定额中规定的"政策性"亏损成本项目,应从控制支出着手,将超支额度控制到最低。

(4)通过主要技术经济指标的实际值与计划值的对比,分析产量、质量、工期等经济指标的节约率。

(5)通过对技术组织措施的执行效果的分析,寻求更加有效的节约成本的方法。

(6)分析其他的有利因素和不利因素对成本的影响。

3. 年度成本分析

企业的成本费用一年结算一次,不能将本年的成本费用转入到下一年。而建设工程项目的成本则以项目的全寿命周期为结算期,保修期结束才能结算出总成本及其盈亏情况。建设工程项目的周期一般较长,需要进行月(季)度成本分析和核算,还要进行年度成本分析和核算。这样不仅是为了给企业汇编年度成本报表提供依据,也是为了满足项目管理的需要。

4. 竣工成本综合分析

建设工程项目是单独以单位工程为单位来进行成本核算,其竣工成本综合分析是以各个单位工程竣工成本分析的资料为依据的,再利用项目经理部的经营效益(如资金调度、对外分包等产生的效益)进行综合分析。若建设工程项目规模小,只有一个单位工程,则以该单位工程的竣工成本资料作为成本分析的依据。

单位工程竣工成本分析,包括以下三个方面的内容:

(1)竣工成本分析;

(2)主要资源节超对比分析;

(3)主要技术节约措施及经济效果分析。

通过以上三个方面的分析,可以全面了解单位工程的成本构成和降低成本的原因,可以作为以后的同类项目的参考。单位工程竣工成本分析表见表 6-15。

三、成本项目分析法

成本项目分析法是按工程项目工程成本的构成项目逐项分别进行成本分析的方法。

表 6-15 单位工程竣工成本分析表

施工单位　　　　　　　　　　　　　　　　　　　　　　　　　　　　编报日期

单位工程名称　　　结构层次　　　建筑面积　　开工日期　　年　月　日　　施工周期　　天

施工图预算用工　　施工结算用工　　　　　　　竣工日期　　年　月　日　　工程总造价　　元

项目	计划成本		实际成本		降低额	降低率/(%)		主要工料、结构件节超对比														
	金额	比重	金额	比重		占本项	占合计	项目	名称	单位	用量			单价	金额	名称	单位	用量			单价	金额
											计划	实际	节超					计划	实际	节超		
1. 人工费																						
2. 材料费																						
3. 施工机具费																						
4. 其他费用																						
工程成本合计																						
主要技术节约措施及经济效果分析																						

单位负责人：　　　　财务负责人：　　　　成本工程师：　　　　　　　　　　指标人

1. 人工费分析

在实行管理层和作业层两层分离的情况下，项目施工需要的人工和人工费，由项目经理部与施工队签订劳务承包合同，明确承包范围、承包金额和双方的权利、义务。对项目经理部来说，除了按合同规定支付劳务费以外，还可能发生一些其他人工费支出，主要有以下几类：

(1)因实物工程量增减而调整的人工和人工费。

(2)定额人工以外的估点工工资(如果已按定额人工的一定比例由施工队包干，并已列入承包合同的，不再另行支付)。

(3)对在进度、质量、节约、文明施工等方面做出贡献的班组和个人进行奖励的费用。

项目经理部应根据上述人工费的增减，结合劳务合同的管理进行具体分析。

2. 材料费分析

材料费分析包括：主要材料和结构件费用分析、周转材料使用费分析、采购保管费分析、材料储备资金分析。

(1)主要材料和结构件费用分析

主要材料和结构件费用的高低，主要受价格和消耗量的影响。而材料价格的变动．又要受采购价格、运输费用、途中损耗、来料不足等因素的影响；材料消耗量的变动，也要受操作损耗、管理损耗和返工损失等因素的影响，可在价格变动较大和数量超用异常的时候再作深入分析。

一般而言，影响材料和结构件费用的主要因素为量差和价差。量差，指实际消耗量与定额消耗量之间的差异，它与材料消耗定额的执行情况密切相关，集中反映了施工生产工作质量对材料费的影响。价差，指材料实际价格与计划价格之间的差异，它与材料物资的采购供应计划执行情况密切相关，集中反映了施工企业材料物资采购供应工作对材料费所产生的影响。由此可见，材料费和结构件的费用分析就是从施工生产和物资供应上寻求降低材料费的途径，挖掘降低成本的潜力。以上两因素之间的关系可以用公式表示为

材料费＝单位成本中的材料耗用量×材料单价

例 6－8 某建筑公司单位建筑面积材料费资料见表 6－16，试对材料费用进行成本分析。

表 6－16 每平方米建筑面积材料耗用表

材料名称	计量单位	材料用量		材料单价		材料成本	
		计划	实际	计划	实际	计划	实际
甲	m^3	0.60	0.55	410	400	246	220
乙	m^3	0.40	0.45	200	210	80	94.5
丙	kg	3.50	3.20	15	16	52.5	51.2
合计	—	—	—	—	—	378.5	365.7

解：该工程单位建筑面积材料费实际比计划降低 378.5－365.7＝12.80 元，降低率为 3.38％，其原因在于以下两个方面：

① 用量影响＝(实际单位用量－计划单位用量)×计划单价

甲材料：(0.55－0.60)×410＝－20.50 元

乙材料：(0.45－0.40)×200＝＋10.00 元

丙材料：(3.20－3.50)×15＝－4.50 元

合　计：－15.00 元

② 价格影响＝(实际单价－计划单价)×实际单位用量

甲材料：(400－410)×0.55＝－5.50 元

乙材料：(219－200)×0.45＝＋4.50 元

丙材料：(16－15)×3.20＝＋3.20 元

合　计：＋2.20 元

单位成本材料费分析还应从形成量差和价差的各个原因作进一步深入分析，只有这样，才能揭示材料费超支或节约的深层次原因，并针对问题提出改进措施。

(2)周转材料使用费分析

在实行周转材料内部租赁制的情况下，建设工程项目周转材料费的节约或超支，决定于周转材料的周转利用率和损耗率。因为周转慢，周转材料的使用时间就长，同时也会增加租赁费支出。而超过规定的损耗，更要照原价赔偿。周转利用率和损耗率的计算公式为

$$周转利用率=\frac{实际使用数\times 租用期内的周转次数}{进场数\times 租用期}\times 100\%$$

$$损耗率=\frac{退场数}{进场数}\times 100\%$$

例 6-9 某建设工程项目需要定型钢模，考虑周转利用率为 85%，租用钢模 4500 平方米，月租金 5 元/m，由于加快施工进度，实际周转利用率达到 90%。请采用差额分析法计算周转利用率的提高对节约周转材料使用费的影响程度。

解：节约的周转材料使用费为

$$(90\%\sim85\%)\times4500\times5=1125 元$$

(3)采购保管费分析

材料采购保管费属于材料的采购成本，包括：材料采购保管人员的工资、工资附加费、劳动保护费、办公费、差旅费，以及材料采购保管过程中发生的固定资产使用费、工具用具使用费、检验试验费、材料整理及零星运费和材料物资的盘亏及毁损等。

材料采购保管费一般与材料采购量同方向变化，即材料采购多，采购保管费也会相应增加。因此，应该根据每月实际采购的材料数量(金额)和实际发生的材料采购保管费，计算材料采购保管费费率，为前后期材料采购保管费的对比分析之用。

材料采购保管费费率的计算公式如下：

$$材料采购保管费费率=\frac{计算期实际发生的采购保管费}{计算期实际采购的材料总价}\times 100\%$$

(4)材料储备资金分析

材料的储备资金，是根据日平均用量、材料单价和储备天数(即从采购到进场所需要的时间)计算的。上述任何一个因素的变动，都会影响储备资金的占用量。材料储备资金的分析，可以应用因素分析法。

例 6-10 某建设工程项目的水泥的储备资金计划与实际的对比情况见下表 6-17。

表 6-17 水泥储备资金计划与实际对比表

项目	单位	计划	实际	差异
日平均用量	t	60	68	+8
单价	元	450	455	+5
储备天数	日	7	6	−1
储备金额	元	189000	185640	−3360

解：根据上表数据，分析日平均用量、单价和储备天数等因素的变动对水泥储备资金的影响程度，见下表 6-18。

表 6-18　水泥储备资金因素分析表

项目	连环替代计算	差异(元)	因素分析
计划数	60×450×7＝189000		
第一次替代	68×450×7＝214200	＋25200	由于日平均用量增加 8t，储备资金增加了 25200 元
第二次替代	68×455×7＝216580	＋2380	由于单价提高 5 元，储备资金增加了 2380 元
第三次替代	68×455×6＝185640	－30940	由于储备天数缩短 1 天，储备资金减少 30940 元
合计		－3360	

从以上分析可以看出，储备天数的长短是影响储备资金的关键因素。因此，材料采购人员应该选择运距短的供应单位，尽可能减少材料采购的中转环节，缩短储备天数。

3. 施工机具费分析

由于项目施工具有的一次性的特点，项目部并不能拥有自己的机械设备，会根据施工的需要，向企业动力部门或外单位租用。在机械设备的租用过程中，存在着两种情况：一种是按产量进行承包，并按完成产量结算费用，如土方工程，项目部只要按实际挖掘的土方工程量结算挖土费用，而不必过问挖土机械的完好程度和利用程度；另一种是按使用时间(台班)结算机械费用，如塔吊、搅拌机等。如果机械完好率差或在使用中调度不当，必然会影响机械的利用率，从而延长使用时间，增加使用费用。因此，项目部应予以重视。

由于建筑施工的特点，在流水作业和工序搭接上，往往会出现某些必然或偶然的施工间隙，影响机械的连续作业；有时，又因为加快施工进度和工种配合，需要机械日夜不停地运转。这样，难免会有一些机械利用率很高，也会有一些机械利用不足，甚至租而不用。利用不足，台班费需要照付；租而不用，则要支付停班费。总之，都将增加机械使用费。因此，在机械设备的使用过程中，必须以满足施工需要为前提，加强机械设备的合理调度，充分发挥机械的效用。同时，平时还要加强机械设备的维修保养工作。提高机械的完好率，保证机械的正常运转。

$$\text{机械完好率}=\frac{\text{报告期机械完好台班数}+\text{加班台班}}{\text{报告期机械制度台班数}+\text{加班台班}}\times 100\%$$

$$\text{机械利用率}=\frac{\text{报告期机械实际工作台班数}+\text{加班台班}}{\text{报告期制度台班数}+\text{加班台班}}\times 100\%$$

式中："完好台班数"是指机械处于完好状态下的台班数，它包括修理不满 1 天的机械，但不包括待修、在修、送修在途的机械。在计算完好合班数时，只考虑是否完好，不考虑是否在工作。

"制度合班数"是指本期内全部机械合班数与制度工作天数的乘积，不考虑机械的技术状态和是否工作。

例 6-11　某建筑公司项目部统计的某年的租用机械完好和利用情况见下表 6-19。

表 6-19　机械完好和利用情况统计表

机械名称	台数	制度台班数	完好情况				利用情况			
			完好台班数		完好率		工作台班数		利用率	
翻斗车	4	1080	1000	1080	92.6	100	1000	1000	92.6	92.6
搅拌机	2	540	500	480	92.6	88.89	500	430	92.6	79.63
塔吊	1	270	250	250	92.6	92.6	250	360	92.6	133.33

解：从上述机械的完好和利用情况来看，搅拌机的维修保养比较差，完好率只达到 88%；利用率也不高，只达到 79.63%。塔吊因施工需要，经常加班加点，因而利用率最高。

4. 其他费用分析

其他费用包括企业管理费、规费、利润、税金，均是通过计划（预算）与实际的比较来进行。

四、专项成本分析法

1. 成本盈亏异常分析

对项目来说，成本出现盈亏异常情况，必须引起高度重视，彻底查明原因，并加以纠正。检查成本盈亏异常的原因，应从经济核算的“五同步”入手。因为在建设工程项目的经济核算中，完成产值、资源消耗、发生成本之间，有着必然的同步关系。如果违背这个规律，就会发生成本的盈亏异常。

“五同步”检查是提高项目经济核算水平的有效手段，不仅适用于成本盈亏异常的检查，也可用于月度成本的检查。“五同步”检查可以通过以下五方面的对比分析来实现。

（1）产值与施工任务单的实际工作量和形象进度是否同步？

（2）资源消耗与工作任务单的实耗人工、限额领料单的实耗材料、当期租用的周转材料和施工机械是否同步？

（3）其他费用（如材料价差、台班费等）的产值统计与实际支付是否同步？

（4）预算成本与产值统计是否同步？

（5）实际成本与资源消耗是否同步？

实践证明，把以上五方面的同步情况查明以后，成本盈亏的原因自然一目了然。月度成本盈亏异常情况分析表见表 6-20。

2. 工期成本分析

建设项目完成工期的长短与成本的高低有着密切的关系。在一般情况下，工期越长费用支出越多，工期越短费用支出越少。特别是固定成本的支出，基本上是与工期长短成正比增减的，是进行工期成本分析的重点。

工期成本分析，就是目标工期成本与实际工期成本的比校分析。目标工期成本，是指在假定完成预期利润的前提下，计划工期内所耗用的目标成本；而实际成本，则是在实际工期中耗用的实际成本。进行工期成本分析一般采用比较法，即将目标工期成本与实际工期成本进行比较，然后应用“因素分析法”分析各种因素的变动对工期成本差异的影响程度。

表 6－20　月度成本盈亏异常情况分析表

单位工程：

分部分项工程：　　　　　　　　　　　年　　月　　　　　　　　预算造价：　　万元

<table>
<tr><td colspan="4">到本月末的形象进度</td><td colspan="13"></td></tr>
<tr><td colspan="4">累计完成产值</td><td colspan="2">万元</td><td colspan="3">累计点交预算成本</td><td colspan="8">万元</td></tr>
<tr><td colspan="4">累计发生实际成本</td><td colspan="2">万元</td><td colspan="3">累计降低或亏损</td><td colspan="2">金额</td><td colspan="2"></td><td colspan="2">率</td><td colspan="2">%</td></tr>
<tr><td colspan="4">本月完成产值</td><td colspan="2">万元</td><td colspan="3">本月点交预算成本</td><td colspan="8">万元</td></tr>
<tr><td colspan="4">本月发生实际成本</td><td colspan="2">万元</td><td colspan="3">本月降低或亏损</td><td colspan="2">金额</td><td colspan="2"></td><td colspan="2">率</td><td colspan="2">%</td></tr>
<tr><td rowspan="5">已完工程及费用名称</td><td rowspan="5">单位</td><td rowspan="5">数量</td><td rowspan="5">产值</td><td colspan="13">资源消耗</td></tr>
<tr><td colspan="2">实耗人工</td><td colspan="9">实耗材料</td><td rowspan="4">机械租赁</td><td rowspan="4">工料机金额小计</td></tr>
<tr><td rowspan="3">工日</td><td rowspan="3">金额</td><td rowspan="3">金额小计</td><td colspan="8">其中</td></tr>
<tr><td colspan="2">水泥</td><td colspan="2">钢材</td><td colspan="2">木材</td><td>结构件</td><td>设备</td></tr>
<tr><td>数量</td><td>金额</td><td>数量</td><td>金额</td><td>数量</td><td>金额</td><td>金额</td><td>租赁</td></tr>
</table>

3. 资金成本分析

资金与成本的关系，就是项目收入与成本支出的关系。根据项目成本核算的特点，项目收入与成本支出具有很强的配比性。在一般情况下，我们都希望项目收入越多越好，成本支出越少越好。

项目的资金来源，主要是项目款收入；而生产耗用的人、财、物的货币表现，则是成本支出。因此，减少人、财、物的消耗，既能降低成本，又能节约资金。

进行资金成本分析，通常应用“成本支出率”指标，即成本支出占工程款收入的比例。计算公式如下：

$$成本支出率=\frac{计算期实际成本支出}{计算期实际项目款收入}\times 100\%$$

通过对“成本支出率”的分析，可以看出资金收入中用于成本支出的比重有多大；也可通过加强资金管理来控制成本支出；还可联系储备金和结存资金的比重，分析资金使用的合理性。

4. 技术组织措施执行效果分析

技术组织措施是项目降低成本、提高经济效益的有效途径。因此，在项目开工以前都要根据生产特点编制技术组织措施计划，列入组织设计之中。在项目生产过程中，为了落实组织设计所列的技术组织措施计划，可以结合月度项目作业计划的内容编制月度技术组织措施计划；同时，还要对月度技术组织措施计划的执行情况进行检查和考核。

在实际工作中，往往有些措施已按计划实施，有些措施未按计划实施，还有一些措施则是计划以外的。因此，在检查和考核措施计划执行情况的时候，必须分析脱离计划和超出计划的具体原因，做出正确的评价，以免挫伤有关人员的积极性。对执行效果的分析要实事求是，既要按理论计算，又要联系实际。对节约的实物进行验收，然后根据实际节约效果进行奖惩，以激励有关人员执行技术组织措施的积极性。

技术组织措施必须与项目的生产特点相结合，即不同特点的项目，需要采取不同的技术组织措施，有很强的针对性和适应性。在这种情况下，计算节约效果的方法也会有所不同，其基本做法通常采用如下公式：

技术组织措施节约效果＝实施措施前的成本－实施措施后的成本

对节约效果的分析，需要联系措施的内容和措施的执行过程来进行。有些措施难度比较大，但节约效果并不好；而有些措施难度并不大，但节约效果却很好。因此，在对技术组织措施执行效果进行考核的时候，也要根据不同情况区别对待。

对于在项目管理中影响比较大、节约效果比较好的技术组织措施，应该以专题分析的形式进行深入详细的分析，以便推广应用。现就执行技术组织措施的综合效益，分析某项目上半年度技术组织措施的执行效果，以及对项目成本的影响程度。

例 6－12 某公司承建某项目的上半年度技术组织措施执行效果汇总见表 6－21。

表 6－21 技术组织措施执行效果汇总表

单位：万元

月份	预算成本	执行技术组织措施			其中：				
		项数	节约金额	占预算成本百分比(%)	节约水泥(t)	节约钢材(t)	节约木材(m^3)	节约成品油(t)	使用代用材料(t)
1 月	184.35	6	3.96	2.15	8.9	0.9	1.12	0.15	157
2 月	200.99	8	3.1	1.54	8.4	0.89	0.69	0.32	120
3 月	156.44	11	6.12	3.91	6.2	0.65	0.52	0.05	211
4 月	219.67	15	7.23	3.29	10.6	0.54	0.99	0.29	196.5
5 月	286.54	16	8.58	2.99	14.3	0.6	0.87	0.17	150.98
6 月	300.32	18	9.3	3.10	15.7	0.41	1.65	0.21	241.09
合计	1348.31	74	38.29	2.84	64.1	3.99	5.84	1.19	1076.57

从上述技术组织措施的执行效果来看，该项目对落实技术组织措施是比较认真的，并且取得了积极的效果。如在半年当中，共执行了 74 项技术组织措施，节约金额 38.29 万元，占预算成本的 2.84%。此外，在执行技术组织措施的过程中，还节约了一定数量的“三材”和能源，也是值得借鉴的。

5. 其他有利因素和不利因素对成本的影响分析

在项目施工过程中，必然会有很多有利因素，同时也会碰到不少不利因素，它们都将对项目成本产生影响，其影响程度需要具体问题具体分析。对待这些有利因素和不利因素，项目经理首先要有预见，有抵御风险的能力；同时还要把握机遇充分利用有利因素，积极争取转换不利因素。这样就会更有利于项目施工，也更有利于项目成本的降低。

第三节　建设工程成本考核概述

一、建设工程成本考核的概念

建设工程成本考核是指在工程项目完成施工后，对工程项目成本形成中的各责任者，按建设工程成本目标责任制的有关规定，将成本的实际指标与计划、定额、预算进行对比和考核，评定工程项目成本计划的完成情况和各责任单位的业绩，并以此给以相应的奖励和处罚。通过成本考核，做到有奖有惩，奖罚分明，才能有效地调动企业的每一个员工在各自的施工岗位上努力完成目标成本的积极性，为降低工程项目成本和增加企业的积累，做出自己的贡献。

建设工程成本考核是衡量成本降低的实际成果，也是对成本指标完成情况的总结和评价，是对工程项目成本形成中的各级单位成本管理的成绩或失误所进行的总结与评价。成本考核的目的在于鼓励先进、鞭策落后，促使管理者认真履行职责，加强成本管理，在于贯彻落实责权利相结合的原则，促进成本管理工作的健康发展，更好地完成工程项目的成本目标。

在建设工程成本管理中，项目经理和所属部门、施工队直到生产班组，都有明确的成本管理责任，而且有定量的责任成本目标。通过定期和不定期的成本考核，既可对他们加强督促，又可调动他们成本管理的积极性。建设工程成本管理是一个系统工程，而成本考核则是该系统的最后一个环节。如果对成本考核工作抓得不紧，或者不按正常的工作要求进行考核，前面的成本预测、成本控制、成本核算、成本分析都将得不到及时正确的评价。这不仅会挫伤有关人员的积极性，而且会给今后的成本管理带来不可估量的损失。

建设工程成本考核可以分为两个层次：一是企业对项目经理的考核；二是项目经理对所属部门、施工队和班组的考核（对班组的考核，平时以施工队为主）。通过以上的层层考核，督促项目经理、责任部门和责任者更好地完成自己的责任成本，从而形成实现项目成本目标的层层保证体系。

以建设工程成本降低额和成本降低率作为成本考核的主要指标，要加强企业对项目经理部的指导，注重成本形成过程中的考核，并充分依靠技术人员、管理人员和作业人员的经验和智慧，防止项目管理在企业内部异化为靠少数人承担风险的以包代管模式。企业对项目经理部进行考核与奖惩时，既要防止虚盈实亏，也要避免实际成本归集差错等的影响，使项目成本考核真正做到公平、公正、公开，在此基础上兑现项目成本管理责任制的奖惩或激励措施。

建设工程成本考核的内容，应该包括责任成本完成情况的考核和成本管理工作业绩的考核。从理论上讲，成本管理工作扎实，必然会使责任成本更好地落实。但是，影响成本的因素很多，而且有一定的偶然性，往往会使成本管理工作得不到预期的效果。为了鼓励有关人员成本管理的积极性，应该对他们的工作业绩，也要通过考核做出正确的评价。

二、建设工程成本考核的流程

建设工程成本考核一般都是建立在成本分析的基础之上的。建设工程成本考核流程如图 6－3 所示。

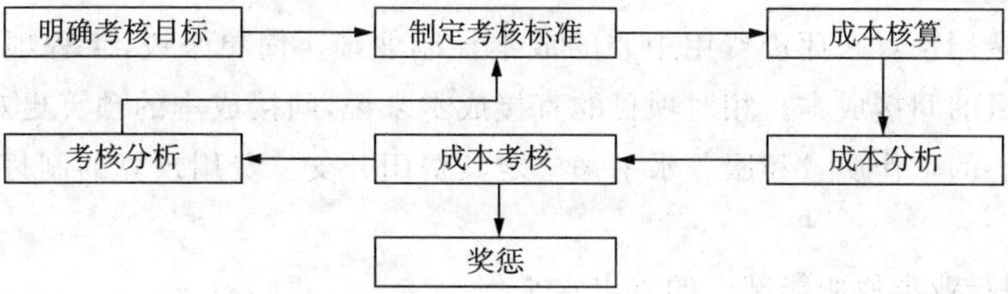

图 6－3　建设工程成本考核流程

明确考核目标是制定考核标准的前提条件，考核标准制定完成之后才能结合成本考核的需求进行成本核算，成本核算为成本分析提供了数据支持，成本分析又是进行成本考核的依据，成本考核之后必须要对考核进行分析，从而发现成本考核标准中存在的问题，进而为制定新的成本考核标准提供依据，同时，成本考核之后必须要实行奖优罚劣，才能更好地调动企业员工参与成本管理的积极性。

三、建设工程成本考核的特点

对各个职能部门及其主管人员的业绩评价，应以其对企业达到目标和完成计划中的贡献和履行职责中的成绩为依据。企业中的各个部门或单位有不同的职能，按其责任和控制范围的大小，这些责任单位可以分为成本中心、利润中心和投资中心。项目经理部是成本中心，成本中心又分为标准成本中心和费用中心。对于工程项目来说，施工队、施工班组即是标准成本中心，而项目的行政管理部门即是费用中心。因此，对项目经理部以及下属施工队、班组进行业绩考核时应遵循成本中心业绩考核的规则。

1. 标准成本

一般来说，标准成本中心的考核指标是既定产品数量和质量条件下的标准成本。标准成本是通过精确的调查、分析与技术测定而制定的，用来评价实际成本、衡量工作效率的一种预计成本。在标准成本中，基本上排除了不应该发生的“浪费”，因此被认为是一种“应该成本”。

标准成本在实际中有两种含义。

一是指单位产品的标准成本，它是根据单位产品的标准消耗量和标准单价计算出来的，准确地说应成为“成本标准”。其计算公式为

$$成本标准(单位产品标准成本)=单位产品标准消耗量\times标准单价$$

另一种是指实际产量的标准成本，是根据实际产品产量和单位产品成本标准计算出来的。其计算公式为

$$实际产量标准成本=实际产量\times单位产品标准成本$$

结合工程项目的特点，标准成本可以取为预算成本或在预算成本基础上适当下调的计划成本。

2. 费用预算

一般采用费用预算来评价费用中心的成本控制业绩。简单来说，工程项目费用中心的开支构成了项目的间接成本。相对项目的直接成本来说，间接成本的预算更难确定，因为很难根据费用中心的工作质量和服务水平来确定其费用开支。费用预算的制订在实际中有以下几种办法：

(1)考察同行业类似职能部门的支出水平。

(2)零星预算法，即详尽分析各项支出的必要性、金额及其取得的效果，确定费用预算。

(3)依据历史经验来编制费用预算。

从根本上说，决定费用中心预算水平有赖于了解情况的专业人员的判断。项目经理应信任费用中心的主管人员，并与他们密切配合，通过协商确定适当的预算水平。在考核预算完成情况时，要利用有经验的专业人员对费用中心的工作质量和服务水平做出有根据的判断，才能对费用中心的控制业绩做出客观评价。

3. 责任成本

建设工程成本考核主要是根据责任成本来进行考核。

责任成本是以具体的责任单位(部门、单位或个人)为对象，以其承担的责任为范围所归集的成本，也就是特定成本中心的全部可控成本。

可控成本是指在特定时期内、特定责任中心能够直接控制其发生的成本。其对称概念是不可控成本。可控成本总是针对特定责任中心来说的，一项成本，对某个责任中心来说是可控的，对另外的责任中心则是不可控的。如建筑材料的购进成本，采购部门可以控制，使用材料的施工队则不可控制；成本工程师对自己的报酬(计入间接成本中)不可控，而其上级一项目经理则可以控制。

四、建设工程成本考核的依据

建设工程成本考核主要依据责任成本进行。责任成本是以具体的责任单位(部门、单位)为对象，以其承担的责任为范围所归集的成本。在制定责任成本时，应首先将项目的总成本目标分解为不同层次的子目标，再根据项目组织结构，将各子目标成本按照责任中心进行归集，从而形成不同职能部门、不同作业班组的责任成本。

责任成本是特定责任中心全部可控成本的集合。可控成本是指特定责任中心在特定时期内能够直接控制其发生的成本。可控成本总是针对特定责任中心来说的。一项成本对某

个责任中心是可控的，对其他的责任中心则是不可控的。如建筑材的采购成本对采购部门是可控的，对使用材料的施工队是不可控的。

1. 责任成本与工程成本的区别

责任成本与工程成本是不同的，其主要区别包括以下几方面：

(1)计算的目的不同

计算工程成本是为了确定项目的实际成本以及项目的盈利，计算责任成本是为了评价成本控制业绩。

(2)成本计算对象不同

工程成本是以工程产品为成本计算对象，责任成本是以责任中心为成本计算对象。

(3)成本范围不同

工程成本计算的范围是项目的全部直接成本和间接成本。责任成本的计算范围是各责任中心的可控成本。

2. 责任成本的确定

计算责任成本的关键是判断每一项成本费用支出的责任归属。通常，可以按照以下原则确定责任中心的可控成本。

(1)如果某责任中心通过自己的行动能有效地影响一项成本的数额，则该责任中心要对这项成本负责。

(2)如果某责任中心有权决定是否使用某种资产或劳务，则该责任中心对这些资产或劳务的成本负责。

(3)如果某管理人员虽然不直接决定某项成本，但对该项目成本的支出有重要影响，则该管理人员要承担责任。

五、建设工程成本考核的内容

根据以上原则，确定工程项目成本考核的内容。

1. 企业对项目经理考核的内容

(1)项目成本目标和阶段成本目标的完成情况。

(2)建立以项目经理为核心的成本管理责任制的落实情况。

(3)成本计划的编制和落实情况。

(4)对各部门、各施工队和班组责任成本的检查和考核情况。

(5)在成本管理中贯彻责权利相结合原则的执行情况。

2. 项目经理对所属各部门、各施工队和班组考核的内容

(1)对各部门的考核内容

① 本部门、本岗位责任成本的完成情况。

② 本部门、本岗位成本管理责任的执行情况。

(2)对各施工队的考核内容

① 对劳务合同规定的承包范围和承包内容的执行情况。

② 劳务合同以外的补充收费情况。

③ 对班组施工任务单的管理情况，以及班组完成施工任务后的考核情况。

(3)对生产班组的考核内容(平时由施工队考核)

以分部分项工程成本作为班组的责任成本。以施工任务单和限额领料单的结算资料为依据，与施工预算进行对比，考核班组责任成本的完成情况。

六、建设工程成本考核的实施

企业应建立和健全项目成本考核制度，成本考核制度包括考核的目的、时间、范围、对象、方式、依据、指标、组织领导、评价与奖惩原则等内容。

1. 工程项目的成本考核采取评分制

具体方法先按考核内容评分，然后按 7 与 3 的比例加权平均。即责任成本完成情况的评分占 7 成，成本管理工作业绩的评分占 3 成。这是一个经验比例，工程项目可以根据自己的具体情况进行调整。

2. 工程项目的成本考核要与相关指标的完成情况相结合

成本考核的评分是奖罚的依据，相关指标的完成情况是奖罚的条件。也就是，在根据评分计奖的同时，还要参考相关指标的完成情况加奖或扣罚。

与成本考核相结合的相关指标，一般有工期、质量、安全和现场标准化管理。以工期指标的完成情况为例说明如下。

(1)工期提前，每提前 1 天，按应得奖金加奖 10%。

(2)按期完成，奖金不加不扣。

(3)工期推迟，扣除应得奖金的 50%。

3. 强调项目成本的中间考核

工程项目的成本考核，特别要强调施工过程中的中间考核。这对具占有一次性特点的工程项目来说尤为重要。因为通过中间考核发现问题，还能“亡羊补牢”。而竣工后的成本考核，虽然也很重要，但对成本管理的不足和由此造成的损失，已经无法弥补。

工程项目成本的中间考核，可从以下两方面考虑：

(1)月度成本考核

月度成本考核，一般是在月度成本报表编制以后，根据月度成本报表的内容进行考核。在进行月度成本考核的时候，不能单凭报表数据，还要结合成本分析资料和施工生产、成本管理的实际情况，然后才能做出正确的评价，带动今后的成本管理工作，保证项目成本目标的实现。

(2)阶段成本考核

按工程项目的形象进度划分项目的施工阶段，一般可分为基础、结构、装饰、总体等四个阶段。如果是高层建筑，可对结构阶段的成本进行分层考核。阶段成本考核的优点在于能对施工告一段落后的成本进行考核，可与施工阶段其他指标(如工期、质量等)的考核结合得更好，也更能反映工程项目的管理水平。

4. **正确考核工程项目的竣工成本**

工程项目的竣工成本，是在工程竣工和工程款结算的基础上编制的，它是竣工成本考核的依据。

工程竣工表示项目建设已经全部完成，并已具备交付使用的条件（即已具有使用价值）。而月度完成的分部分项工程，只是建筑产品的局部，并不具有使用价值，也不可能用来进行商品交换，只能作为分期结算工程进度款的依据。因此，真正能够反映全貌而又正确的项目成本，是在工程竣工和工程欲结算的基础上编制的。

由此可见，工程项目的竣工成本是项目经济效益的最终反映。它既是项目上缴利税的依据，又是进行员工分配的依据。由于工程项目的竣工成本关系到国家、企业、员工的利益，必须做到核算正确、考核正确。

5. **工程项目成本的奖罚**

工程项目的成本考核，如上所述，可分为月度考核、阶段考核和竣工考核三种。对成本完成情况的经济奖罚，也应分别在上述三种成本考核的基础上立即兑现。不能只考核不奖罚，或者考核后不及时奖罚。因为员工所担心的，就是领导对贯彻责权利相结合的原则执行不力，忽视群众利益。

由于月度成本和阶段成本都是假设性的，正确程度有高有低。因此，在进行月度成本和阶段成本奖罚的时候不妨留有余地，然后再按照竣工成本结算的奖金总额进行调整，多退少补。

工程项目成本奖罚的标准，应通过经济合同的形式明确规定。这就是说，经济合同规定的奖罚标准具有法律效力，任何人都无权中途变更，或者拒不执行。另一方面，通过经济合同明确奖罚标准以后，员工群众就有了争取目标，因而也会在实现项目成本目标中发挥更积极的作用。

在确定工程项目成本奖罚标准的时候，必须从本项目的客观情况出发，既要考虑员工的利益，又要考虑项目成本的承受能力。在一般情况下，造价低的项目，奖金水平要定得低一些，造价高的项目，奖金水平可以适当提高。具体的奖罚标准，应该经过认真测算再行确定。

同时，企业领导和项目经理还可对完成项目成本目标有突出贡献的部门、施工队、班组和个人进行随机奖励。这是项目成本奖励的另一种形式，不属于上述成本奖罚范围。而这种奖励形式，往往能起到立竿见影的效用。

本章小结

建设工程成本分析贯穿于建设工程成本管理的全过程。本章介绍了建设工程成本分析的两个层面和内容，详细介绍了建设工程成本分析的方法，特别是因素分析法和差额比较法。

本章还介绍了建设工程成本考核的相关知识。

复习思考题

1. 在施工项目形成过程中，对施工项目成本进行评价和总结，这项工作是(　　)

A. 成本预测　　B. 成本计划　　C. 成本核算　　D. 成本分析

2. 在施工项目完成后，按照施工成本目标责任制的有关规定，评定施工项目计划的完成情况和各责任者的业绩，并以此给以相应的奖励和处罚，这项工作是(　　)

A. 成本预测　　B. 成本计划　　C. 成本核算　　D. 成本考核

3. 成本分析的方法包括(　　)

A. 比较法　　B. 因素分析法　　C. 差额计算法　　D. 比率法

E. 层次分析法

4. 通过技术经济指标的对比，检查目标的完成情况，分析产生差异的原因，进而挖掘内部潜力的方法是(　　)

A. 比较法　　B. 因素分析法　　C. 差额计算法　　D. 比率法

5. 在进行成本分析时，首先假定众多因素中的一个因素发生了变化，而其他因素则不变，然后逐个替换，分别计算结果，以确定各个因素的变化对成本的影响程度，这种成本分析的方法是(　　)

A. 比较法　　B. 因素分析法　　C. 差额计算法　　D. 比率法

6. 采用两个以上的指标比例进行分析，特点是把对比分析的数值变成相对数，再观察其相互之间的关系，这种方法称为(　　)

A. 比较法　　B. 因素分析法　　C. 差额计算法　　D. 比率法

7. 比率法的特点是把对比分析的数值变成相对数，再观察其相互之间的关系。常用的方法有(　　)

A. 相关比率法　　B. 差额比率法　　C. 构成比率法　　D. 动态比率法

E. 静态比率法

8. 下列关于分部分项工程成本分析的表述正确的是(　　)

A. 分部分项工程成本分析的对象是拟完成的分部分项工程

B. 分析的方法是进行预算成本、目标成本和实际成本的“三算”对比

C. 预算成本来自投标报价成本

D. 目标成本来自施工预算

E. 实际成本来自施工任务单的实际工程量

9. 施工成本分析中的综合分析的方法包括(　　)

A. 分部分项工程成本分析　　B. 月(季)度成本分析

C. 年度成本分析　　D. 竣工成本的综合分析

E. 单位工程成本分析

10. 竣工成本分析是以各单位工程竣工成本分析资料为基础的，单位工程竣工成本分

析的内容包括(　　)

A. 竣工成本分析

B. 主要资源节超对比分析

C. 主要技术经济指标的实际与目标的对比分析

D. 主要技术节约措施及经济效果分析

E. 项目经理部的经济效益分析

11. 承包企业项目成本的考核,包括企业对项目成本的考核和企业对项目经理部可控责任成本的考核,在下列给出的计算关系式中,属于项目经理部可控责任成本考核指标的是(　　)

A. 项目施工成本降低额＝项目施工合同成本—项目实际施工成本

B. 项目设计成本降低率＝项目设计成本降低额/项目设计合同成本×100%

C. 目标总成本降低额＝项目经理责任目标总成本—项目竣工结算总成本

D. 施工责任目标成本实际降低额＝施工企业目标总成本—工程竣工结算总成本

12. 在下列给出的成本分析的方法中,既属于月(季)度成本分析方法,又属于年度成本分析的方法是指(　　)

A. 分析其他有利条件和不利条件对成本的影响

B. 进行预算成本、目标成本和实际成本的“三算”对比分析

C. 主要资源节超对比分析

D. 对下一年度的施工进展情况规划切实可行的成本管理措施分析

13. 某企业甲产品单位成本表如下:

主要产品单位成本表			
成本项目	上年实际平均	本年计划	本期实际
原材料	1230	1240	1242
工资及福利费	110	100	105
制造费用	90	92	95
合计	1430	1432	1442
主要技术经济指标			
原材料消耗量(千克)	41	40	40
原材料单价	30	31	31.05

要求:(1)分析计算甲产品单位成本变动情况;

(2)分析计算原材料费用计划执行情况、影响因素和各因素变动的影响程度。

14. 本月甲产品所耗原材料费用:计划 1500 元,实际 1512 元。

单位产品原材料消耗量:计划 30 千克,实际 36 千克。

原材料单价:计划 50 元,实际 42 元。

要求：分别采用差额计算分析法和连环替换分析法，计算分析原材料消耗量和材料单价变动对原材料费用的影响。

15. 某企业直接人工费用为：计划160元，实际210元。经查，单位产品的工时消耗为：计划40小时，实际35小时；每小时工资费用为：计划4元，实际6元。

要求：采用连环替换法，分析计算工时消耗数量和每小时工资费用变动对直接人工费用的影响程度。